| 生物多样性之美 |

如画贡嘎

祖奎玲 著

山东科学技术出版社
· 济南 ·

图书在版编目（CIP）数据

生物多样性之美：如画贡嘎 / 祖奎玲著. -- 济南: 山东科学技术出版社, 2023.11
ISBN 978-7-5723-1866-5

Ⅰ.①生… Ⅱ.①祖… Ⅲ.①贡嘎山 – 生物多样性 – 图集 Ⅳ.① Q16

中国国家版本馆 CIP 数据核字 (2023) 第 231459 号

生物多样性之美——如画贡嘎
SHENGWU DUOYANGXING ZHI MEI ——
RU HUA GONGGA

责任编辑：陈 昕 张 琳 庞 婕

主管单位：山东出版传媒股份有限公司
出 版 者：山东科学技术出版社
地址：济南市市中区舜耕路 517 号
邮编：250003 电话：（0531）82098088
网址：www.lkj.com.cn
电子邮件：sdkj@sdcbcm.com
发 行 者：山东科学技术出版社
地址：济南市市中区舜耕路 517 号
邮编：250003 电话：（0531）82098067
印 刷 者：山东彩峰印刷股份有限公司
地址：潍坊市潍城经济开发区玉清西街 7887 号
邮编：250100 电话：（0531）88615699

规格：32 开（143 mm × 210 mm）
印张：6.25 **字数：**140 千
版次：2023 年 11 月第 1 版 **印次：**2023 年 11 月第 1 次印刷
定价：38.00 元

国家自然科学基金（32301463）和江西省自然科学基金
（20232BAB205023，20224BAB213033）资助出版

写于前方

我不知为何要写这本书，思来想去，莫过于因为在科学探索的旅程中发现了自然的美。作为一个自然科学研究者，在探索大自然奥秘的过程中，去发现大自然的美丽，也是我们工作的一部分。大自然的美是无限的，而我们感受到的美却是有限的，我想把这有限的感悟与大家分享。一次十分偶然的机会与贡嘎山结缘，在我完成毕业论文的时候，再次整理贡嘎山的图片及笔记，于是就完成了此书。谨把此书献给探索大自然的一线科研工作者，献给所有喜欢自然的孩子和成年人。

最近时常梦见巍峨的山和山中的树木葱葱、百花盛开；梦见原野，空旷的原野上飘着鹅毛大雪，人们在雪地里欢声笑语。似乎白天不能看到的景色，不能做的事情，都可以在梦中实现。我是那么坚信，人与万物都有着紧密的联系，遇见一些人，就好比遇见一些树一些山一样。山似乎就在那里，并没有随着时间的流逝而发生变化，但是山的某种微小变化是我们肉眼所不能观察到的。科学测量表示，每座山都可能以不同的速度在隆升，而山里的所有植物和动物也在不停变换着位置和形态。那些树好像就一直在那里，没有发生任何移动，其实不然，树木也会以自己的方式选择合适的生活环境，它们必须选择最适合自己的生存方式，适应自然规律，否则就会被大自然淘汰。人类也是如此，在每个人的成长历程中，都会遇到一些对我们影响特别深刻的人，这些人就像启明星，给我们指引了前进的方向。我们也会遇到一些文字，这些文字会叩响我们的心灵，激发我们的心智，让我们看到另外一个美好的世界。

无论是在植物园中，还是在空旷的山野里，我都曾一遍一遍地寻觅着每一棵树、每一朵花，寻找它们枝丫向上伸展的方向，寻找它们的叶子和果实。它们的根是如何在地底下延伸，又是如何与那些微小的生命如真菌、细菌等和谐共处的呢？当我一遍一遍寻找这些树木的时候，我的脑海中浮现的是一个一个的人。他们是我的良师，也是我的好友，他们在我人生某个阶段给予了我巨大的帮助、鼓励和指引，他们是高大的、巍峨的，就像眼前的树木一样。

我们是多么幸运，出生在这样一个富饶的国度，从南方到北方，从低地平原到高山之巅，可以看到不同的森林、不同的植被以及不同形态的植物，绿色的，红色的，黄色的，一年四季，植物变换着不同的颜色，不同的颜色给予大自然美丽的景观。我们有着世界上独一无二的物种，这些被称之为中国特有植物。在科学家的不懈努力下，目前全国人民都开始注重保护濒危植物，保护中国的特有物种。我们也对中国的植物资源进行了分类，按照使用价值分为芳香类、药用类等。以药用植物为例，目前我国有药用植物 1 万余种，这些药用植物是我国非常重要的文化特色，应予以保护性开发。贡嘎山的药用植物就多达上千种，在开发利用这些药用植物时，也应该合理地进行保护，防止野生资源的枯竭。

当我们亲近大自然时，大自然也以某种方式向我们传递着信息，于是一幅和谐的、美好的画面，一种生命的规律性便呈现了出来。当我们置身原野，原野上的花朵、树木、鸟兽、虫子，都会向我们传递生命的勃勃生机和生存智慧。如果不置身其中，我们便很难发现其中的科学规律和生命的生存策略。

这本书将为生活在城市里的人们提供另外一种可能，一种祥和的、美好的、脱离了繁杂的另外一种生活方式。

目录

且行且吟

贡嘎山是我的引路人，真想就这样一直走下去，在山林中，在植物的世界里。

忘不了你飞瀑直下仙女群舞般的灵动，也忘不了你冰山巍峨智慧女神般的安静。

吟山

遇见贡嘎山，是一件特别曲折的事情，故事里充满了痛苦、孤独、欢喜和惊奇。我不是作为一个旅客走进贡嘎的，在某种意义上，我甚至也不是一个真正的科考家，更谈不上自然保护者，我只是一个陌生人，一个走了就可能消失了的人，但我还是有很多话要说给贡嘎山，说给那些曾经路过贡嘎山的人，于是，就用书写这种方式。

由衷地感谢我的博士生导师朱相云老师，是他带我走进了贡嘎山，走进了这个让我留恋的地方。2018 年 5 月，我随中国科学院一大批资深科考家走进贡嘎山，此行我的主要工作是协助团队进行贡嘎山种子植物的标本采集，更重要的，是要去寻找科研灵感，找到科学问题，找到博士论文要做的课题。

其实，在刚接到这个任务的时候，我非常惶恐，因为 2017 年已经完成了另一个课题的开题，忽然转变方向，内心便充满了恐惧。去贡嘎山之前，我搜集了各种关于贡嘎山的书籍、文献和数据，才发现，40 多年前，有学者对这里的植物已经进行了初步报道，印开蒲先生和刘照光先生，他们团队于 1980—1985 年进行了样方大调查，采集了许多标本，北京大学沈泽昊老师的团队于 2000 年前后也进行了样方调查，后来还有很多学者去采集过植物。翻阅了贡嘎山所有的植物标本才发现，去贡嘎山采集植物的人太多了，自己顿时也没有那么害怕了。

到了贡嘎山之后，我的恐惧顿然消失。

我为这里的山林和草甸着迷，渴望走到雪山里去，向更高处走去。

科考队员是如何采集植物标本的？

科考队员分成不同的队伍，沿着山体前进。采集标本之前，每一个队伍准备好采集工具，包括枝剪、标本夹、瓦楞纸、烘干机、采集袋、记号笔等，随身携带的是枝剪、采集袋和相机。每个采集者在野外工作时候都非常集中注意力，要记录下所要采集物种的生境、形态、分布地、时间等信息。得益于现代电子设备的普及，一个手机可以记录下所有信息，包括采集者的行走轨迹，但是在野外没有信号的情况下，纸和笔仍然是最好的记录植物标本采集信息的工具。

采集时要尽量采集到能够证明植物特征的元素，所以尽可能地采集有花和果的枝条。采集完成后，对采集到的枝条要进行适当的修剪，去掉多余的枝叶，避免叶子之间重叠得太厚，当然，具有重要分类学鉴定特征的部位要保留。对于草本植物，需要采集具有根、茎、叶、花和果实的完整植株。对采集的材料进行编号处理，然后进行标本压制、烘干和消毒保存。

贡嘎山在哪里?

贡嘎山位于四川省康定以南，是大雪山的主峰，最高海拔7556米，低海拔处森林密布，郁郁葱葱，高海拔处白雪皑皑，不见山顶，具有“蜀山之王”的美誉。贡嘎山不仅是佛教文化的中心，也是少数民族的聚集地。

贡嘎山更是植物的乐土，特定的地理环境和特殊的气候条件形成了多层次的立体植物带和特有的自然景观。这里生态环境原始，森林受人类活动的影响小，植被类型极其多样，从亚热带常绿阔叶林到高山草甸，几乎涵盖了所有的植被类型，高等植物种类多达5000种，属于国家保护的珍稀物种达400余种，堪称“野生植物大观园”。

在贡嘎山，我开始追思我对山的最初印象。从来到这个世界上，从最初的地方开始，我与山的缘分便诞生了。小时候走过的山路，成了我记忆深处的“伟大山脉”。那时的我，站在山坡的顶端，望着远方的层峦叠嶂。山的那边是什么？我无数次问自己。我想走过去，爬过一座座山，爬过去，跨过去，出去看看外面的世界，是不是有着别样的生活。

但我从未觉得山中的日子有多么枯燥。山中充满了精彩，因为有植物。对，植物很早就成为我的好朋友，春天去山野里寻花，夏天去采摘果实，秋天去捡各种形状的落叶，冬天在蔚蓝的天空下望着光溜溜的树，爬上去找鸟窝，那是多么快乐的童年啊。

山的最低处有水，流水涓涓，一望无际，我找不到河的出口在哪里。2020 年春天，因为疫情，有幸在我出生的地方，带

好友阿杨去看我小时候的“那片海”，之所以称之为“海”，是因为幼年时无知，自认为凡是一望无际的就都是大海。明媚的阳光下，我们沿着河岸奔跑，去捡贝壳，去钓鱼，仿佛又回到了少女时代，叽叽喳喳、嘻嘻哈哈地玩个不停。累了就躺在岸边的白色沙滩上，用太阳帽遮着眼睛，任时光流转，和春风，伴流水，一道消散。

“我小时候很是好奇，这些水到底流向哪里？这座山和哪些山连在一起？山的那边是水还是山呢？”我对阿杨说。

她拉着长调：“废话，山的那边既有山也有水啊，山水相依嘛。”

“是啊，后来学了地理，才略略懂得，我们所在支流的末端，其实就属于汉江，而我们眼前这一片连绵的山脉就是伏牛山脉。山是水的发源地，而水也滋养了山上山下的生命。所以，我们离不开山水。”我们都笑起来了。

“谬论，是你喜欢山水，而不是每个人都离不开山水。哈哈。”她也笑了起来。我们去水边继续捡拾贝壳。

有了水的山，仿佛有了灵魂。贡嘎山也是如此，她的灵魂是大渡河、岷江。那么，这滔滔不绝的江水，在给山林讲述什么故事呢？

山林的故事皆源自一种情怀，来自古时候才华横溢诗人们的浅唱低吟，后来这些故事都变成了千古流传的诗句，这就是人类的文明或者说是不朽的精神。我想，没有人会抗拒或讨厌山林和流水，没有人不会为“闲上山来看野水，忽于水底见青山”的惊喜而感动，也没有人不为这空山幽谷、云烟缥缈的美景而留步，一句“纵使晴明无雨色，入云深处亦沾衣”不仅写出了山中的美，更展现了有情人美丽而真诚的内心。大自然会明澈人心，像筛子一样，过滤俗世的繁华与忙碌，只想和亲爱的朋友于山林中寻得乐趣。

我们爱山，还有一个最为重要的原因，是因为山是生物多样性的中心，是野生动植物的乐土，是无数生灵的家园。山中有森林、草地、湿地、草甸、流石滩……山中有百花盛开，有飞禽走兽，有我们赖以生存的所有物质。山区也是我们人类的发祥地，那里孕育着多种多样的民族文化，不同类型的山地造就着人类不同的生活方式。我国云贵川山地居住的少数民族多达几十个，他们与大自然和谐相处，依赖自然又歌颂着自然，形成了特有的文化。

山水的一切语言，最终都变成了浓浓的情意，有对山的眷恋和喜欢，也有对一起看山的人的热情。

生活很简单，如此而已，一直走下去吧，朝山的那边。

草木

我不知是从何时开始向往草木的，一心只想走进草木的世界，仿佛每朵花里都有一个天使，每粒种子里都有一个精灵。看着草木，我仿佛看到了植物世界里的快乐和悲伤，也仿佛嗅到了大自然的生生不息，就这样，我走进了草木的世界。

我尝试用很多种方式和草木成为朋友，绘画、摄影、写故事、讲科普、做科学研究。花费时间和精力最多的就是搞研究了，从研究草木的形态特征、基因特性到分布区域、生态机理等，这个过程的每个环节都让我兴奋。虽然有时候距离它们是那么远，但有些时候又是那么近。我看到了森林里草木是如何共存的，看到了被藤蔓紧紧缠绕的枯木，还看到了花儿是怎样开放的；我看到了幼果是如何形成的，看到了叶子表面不同的纹饰，还看到了花粉的结构和性状……

高山上傲然挺立的全缘叶绿绒蒿

在做植物科普的时候，有很多小朋友会参与进来。女孩儿们喜欢不同颜色和不同形状的花儿，她们认为植物是温顺的、可爱的，但有些调皮的男孩子却不喜欢这种安静的植物，他们喜欢小昆虫和大型的动物，因为动物会运动，奔跑和猎取食物的时候总是给人心跳加速的感觉。小朋友有这种直观的印象是合理的，但其实，“安静”的植物也有不为人知的另一面，它们有时候也会运动，有着自己的生存智慧，不然在漫长的生命演化过程中不就被淘汰了吗?

在草木的世界里，我看到了与人类完全不同的另一种生存方式。植物和人类一样，有着生命的周期循环，有着时间和空间的概念，但不同的是，它们的个体有无限的延展性，可以不断向外部世界开疆拓土。它们从来不是以自我为中心的，它们的生存智慧在于忘记自己，从它们个体的生长和群体的繁衍中似乎都看不出生存的“瓶颈”，它们建立起多功能的细胞群或者功能器官组织，不断地生长、繁衍。

在贡嘎山，我曾仔细地端详着那里生长的小草，那些长在林下仍然顽强不息怒放着花朵的草儿。有的草本植物就是喜欢这种阴暗的环境，比如凤仙花。最讨人喜欢的莫过于高山之巅的草本植物，它们的花朵无比美丽，比如绿绒蒿家族、马先蒿家族等，还有重要的中药材桃儿七等，这些都是去高原必看的植物。七月，有喜欢大自然的朋友一定要去一次高原，一览它们的美丽。

◤水母雪兔子

◤鸭跖花

◤桃儿七

尼泊尔黄花木

过路黄

路边的小草，也总有着无比顽强的生命力，过路黄就是一种典型的草本植物，似乎走到哪里都能看到它们成群生长。

我时常在想，如果植物停止生长了，说明它们就要死亡了。在有生之年，它们是一直不停生长和运动的，即使再年长的树木也会开出骄人的花朵，这就是植物的生命本质。它们的寿命比我们人类长得多，比如杉树的寿命有几千年，体重能长到几千吨，傲然天地之间，顶天立地，但地球却不会因为它们的“肥胖”而淘汰这些树木，反而是这些树木造就了地球的美丽环境。

究竟什么是树木呢?

树木，从科学角度来讲，是因为其有着独特木质化的结构，看上去躯干更加坚固有力，枝叶直冲云霞，根深深扎入泥土；从生物学角度来讲，它们的根和茎可以无限地增粗延伸，形成了大量的木质部结构，许多细胞壁也木质化了，从而形成了木质部发达、茎粗壮而坚硬、具有多年生的形态特征。

树木有着独特的结构，那就是树皮，可看作动物或者人类的皮肤，主要对生命体进行保护。我们可以从树皮上看到环境的变迁和时间的流逝。植物的任何结构或者器官都与环境有着极其紧密的联系，树皮也不例外。随着环境变迁，它们进化出复杂多样的结构，因此树皮的纹理、颜色、开裂方式等特征便成了识别不同木本植物的重要参考。树皮还有重要的用途，比如白桦树的皮可以用来造纸。

树木也是花园里的主角。一般而言，较高的木本植物有大的花朵和果实，这些美丽的花果可以给人们带来视觉盛宴。因此，自100多年前开始，木本植物就是花园中的“明星”。比如，松柏类植物因四季常青，叶子和果实比较有特点，往往是公园里的“常住居民”。盆景设计也多用木本植物，比如榆树类等，它们的树干和枝丫扭曲着，可以打造成不同的形态，成为一道独特的风景线，让人们体会不同的韵味。

除了观赏，我们吃的很多水果和坚果都源自木本植物。这些不同形状、不同口味的果实，极大地丰富了人们的饮食结构。

除功用主义外，单纯从生理生态角度来看，植物构建了巨大的社交网络。这个大网络囊括了大自然中的一切事物，无论美好的还是丑陋的，水、光、空气、风、土壤、昆虫、鸟儿等都和植物的生命息息相关。因为植物有着无限伸展的特性，决定了它们从来不是以个体为单位存在的。草木本身就是与外部世界融为一体的，它们与外部世界的边界并不是那么清晰，它们不需要国度和省市，能力超群的物种总是能跨越山河和大洲存在于这个世界上。在贡嘎山也好，阿尔卑斯山也罢，在世界上任何一个山峰，我们都可以看到绿色生命与其他生物千丝万缕的联系。传粉的昆虫总是在花朵里忙忙碌碌，花的结构会配合昆虫完成这一伟大的生命过程。

如果仔细观察地下的生命，那就是另一番景象了。研究者通过对植物根系的微生物进行基因测序，发现不同植物的根系微生物群是不同的，它们有着不同的职能，总是互利互惠地生活着。比如豆科植物和根瘤菌，肉眼可见的根瘤会把气态的氮转化为植物可吸收的含氮化合物，植物又会把从阳光那里转化来的能量传给根瘤菌，为根瘤菌的生长提供有机物，它们之间便借助土壤这个美丽家园实现了和谐共生。

寻花

少女时代看花，满心都是欢喜。掐一两朵别在发丝间，便高兴得像鸟雀一样跳跃起来。花的美，悠悠然。

迷人的三棱虾脊兰

娇艳的宝兴百合

长大后研究植物，从植物形态特征及发育开始，后来研究植物的开花机理和基因调控通路等，我们可以通过敲除植物的基因来控制花的颜色、基数和形状等。植物学家也研究花的物候，发现开花时间受气温调控，也受光照的影响。这些问题就像一条绳子紧紧地拴住了我，也像磁铁石一样吸引着我，几乎每时每刻我都在思考这些问题。

三棱虾脊兰特写

提高认知，这是科研者必备的一种思想。任何一个学术问题的探究，必须建立在前人的基础上，大量阅读前人的成果，从这些成果中寻找新的思路，才能开创人类没有发现或者没有研究的问题。

我就带着这些问题，在园中漫步，在山野间行走，不停地走，希望可以通过行走发现新的线索。在行走中，每个人都可以变成思想的主人，放空自己，放下期待，满心欢喜。

美丽的四川独蒜兰

深秋时节，我看到一个小朋友捡了一堆叶子，边走边捡，枫叶、白蜡……她都一一装了起来。妈妈嫌多让她扔下点，可她不舍得，黄色的银杏叶、巴掌一样的悬铃木叶、一串串的香椿叶，她都舍不得，每一个枯萎的叶子对她来讲都是宝贝，都是朋友，都是有生命的。

树叶的凋零对于树木来讲，是生存的智慧，为了应对严寒的冬日，它们落叶纷纷。这一生命的谢幕，对人类来讲，又是一种美学的享受。画家们把画板放到了大自然中，画起了这美丽的秋，孩子们也来到树林里，探索大自然的奇妙。他们问大人，树木不冷吗？怎么不穿衣服呢？这是因为树木通过掉落叶子，防止了水分蒸发，更重要的是，树木已经进化出适应严寒的基因了，可以通过生理反应来抵抗寒冷，保护自身不被冻死。

但是，即使是凄凄冷冷的深秋时节，有的植物也会在枝头开出美丽的花朵，比如紫丁香。紫丁香的红花苞在枝头蠢蠢欲动，没过几日，便会开花，只不过相比春天，这时的花骨朵儿很小，以 4 瓣居多，而且并不是每个枝条上都有花朵，只开在特定的一些枝条。朋友告诉我，新疆的柽柳也在秋末开花了，但是花的数量不太正常，也有朋友说，上海的樱花也在这个季节开放了。植物的反季节开花，似乎成了各个城市的一种现象。这种现象实际上与气候有关系，特别是植物在某些特定的小气候作用下，感受到了温度的升高，花芽就绽放了。这种反季节开花，并不是植物的生物钟乱了，而是气候给它们带来的一种错觉。

这种反季节的开花，不就是一种随心所欲的无为感吗？花自盛开，不管秋冬。

高山上的苞叶大黄

草原杜鹃花

冬天的时候，我们大多数时间都居于室内，离山野便更远了。在北方，冬日最吸引人的莫过于蜡梅花。2021 年 12 月，我去北京植物园和香山，看到了蜡梅花开。当时看花的人很多，大家纷纷表示，今年的花儿开得有点早，可能与气候太冷有关系。的确如此，那一年北京的冬天格外的冷。2022 年 1 月中旬，我在石家庄的校园里看到了蜡梅花开，开放得并不多，只有一棵树开了几朵，屈指可数，其他两棵树只是冒着花骨朵，枝条上还挂着秋天留下的果实。每个果实都像是一个小蝉蜕，里面藏着光溜溜的种子。花骨朵格外多，想必又是一年的大丰收。彼时的北京，蜡梅花应该都谢了吧，枝干上也很少能留下果实。植物会因地点因时间而产生差异，即使同一种植物，在时空的交错中也会变换不同的色彩，给世界不一样的味道。

春日如约来临，但北方的春天，雾霾笼罩着整个华北平原，已接连几日不见一丝阳光，空气都是灰白色的。

沙尘暴又一次来袭，植物的叶子上、花芽上都被灰蒙蒙的土覆盖了，但它们从来没有抱怨过。玉兰花依旧不屈不挠地与春光斗艳，迎春花也已灿烂好久了。

一夜寒潮，白雪纷纷，北方的春天飘雪可不是只有一年两年，大家都已经习以为常了。雪花压弯了紫叶李的枝条，这何尝不是另一种美呢?

在突如其来的天气变故面前，植物似乎永远报以微笑，它们站在那里，对抗严寒，它们也在静静等待，等待温暖的日子来到，花儿们热热闹闹地绽放。

◤四川独蒜兰

被摘掉的杜鹃花◥

春日，如果不喜欢户外的风沙和冷气，又不知去哪里，那就去花市吧，在那里可以看到千姿百态的植物。

骑着自行车，穿过一条大河，来到近郊的花卉市场，一进门就被别具风采的植物们吸引了。这里有迷人的百合，形态各异的绣球等各种美丽的花朵。更喜欢木本植物，于是就去寻找小树苗儿，柠檬、栀子、山茶、杜鹃、桂花正是花期。

开始思考植物与人的关系，思考这些植物存在的意义。那些身居高山的草木虽清高，但少有人问津；而这些被选育出来，成为大众所喜爱的观赏植物，却另有一番感觉。观赏花卉，背后也是一群人的付出。

满地的垫状蝇子草

满山的金露梅

度过一个酷热的夏，总觉得索然无味。

突然想念花市的植物了。其实，无论哪个季节，去花市里走走，总有惊喜和意外。

秋日去花市，多是菊科之类的植物，婀娜多姿的，妖艳的，清雅的……菊花是中国人精神的宝物，不可缺少。另外一个耀眼的便是兰花了，各种兰科栽培植物，像蝴蝶一样立在枝头。看完了花儿，欣赏盆景又是另一番心境了。特别喜爱盆景，以植物和枯木为实物制造出不同的景象，植物作为舞者，于花盆中跳舞，这本身就是一门艺术。能够做盆景的植物其实很有讲究，竹子、松柏类、榆树、黄栌、天门冬等都比较适合造景栽培。另一个有趣的是多肉植物，这类植物十分耐干旱，无性繁殖，一片叶子就可以生出根系，养起来比较容易，而且看上去肉肉的，很好玩。但很多多肉植物我叫不出名字，也不知道它们来自哪里。

花朵最吸引人的莫过于鲜艳的色彩，无论置身公园还是野外，都会为这些色彩多样的花朵着迷。花儿们为什么会表现出不同的颜色呢？

其实，花朵们不同的颜色主要源自器官所含色素的差异，这些色素主要有类胡萝卜素、花青素苷和甜菜红素等，正是它们赋予了花儿丰富多彩的颜色，这是最主要的原因。

◤大叶火烧兰

◤川赤芍

百脉根

第二个原因则是传粉昆虫和鸟儿。它们对花色的选择效应，决定了同种植物或者不同植物花色的多样性。比如，在高山等环境较为恶劣的地方，因为授粉昆虫的种类较少，高山植物就进化出多样的花色来吸引潜在的传粉者。在贡嘎山的高山地带，我们发现兰科植物手参就同时拥有黑、红和白等多种花色。它们演化出这些花色是为了吸引不同花色喜好的蜜蜂或蝇类，这样就避免因花色单一而失去授粉的可能性。另一个有趣的例子是毛茛科植物孔雀银莲花。这类植物在低海拔分布时花瓣呈现红色，因为在低海拔地区喜欢红色的授粉者绒毛金龟科甲虫种群庞大。然而，随着海拔升高，这类虫子的种群密度降低，孔雀银莲花就想办法演化出不同的花色来，有红、白、粉、紫等多种颜色，以此来吸引潜在的授粉者。

除了传粉者的驱动，花色也受植物的其他生理活动所影响。比如，植物对生物与非生物胁迫的防御。在高山地区，植物的花朵多是蓝色、紫色、红色等，这是因为高海拔地区紫外线较为强烈，植物受到紫外辐射胁迫时可诱导花青素苷合成，进而出现蓝色、紫色和红色的花色，这种生理过程增加了植物对逆境的耐受性。

◤圆叶筋骨草

◤龙胆属植物

其实，植物产生不同的颜色是由特定色素合成而积累的。一般植物产生特定颜色的色素存在一定的局限性，并不是说某种昆虫或者环境诱导就可以合成特定颜色的色素。一般我们认为，植物花的颜色是从白色系进化为有色系的，这是一个非常漫长的进化过程，需要其他有色系植物的色素合成基因产生特定的酶来完成。当然，随着现代生物技术的发展，在开白花的植物体内转入有色素的基因估计就可以做到，但对于植物本身的进化，则是个漫长的过程。

不过，如果把有色系的花变成白色系，则较为容易。甚至有研究表明，花色从蓝色系转变为红色系也较为容易，只需催化红色色素转变为蓝色色素的合成酶基因突变就可以完成，反之则比较困难。

什么是传粉综合征?

植物花色与传粉昆虫这种双向选择的关系，在生态学上有个经典的“传粉综合征”假说可以解释。该假说认为，同种植物在不同条件下形成的颜色，主要取决于传粉者的类型和它们的喜好。传粉者的物种差异驱动着同种植物在不同地区表现出明显的花色差异。比如，美国加利福尼亚州地区的猴面花属植物，在海边生长的时候花多为红色，因为在海边，喜欢红色的蜂鸟是主要授粉者；然而在内陆它们就变成了黄色，因为在内陆是喜欢黄色的鹰蛾为其授粉。

原野的力量

城市化的快速发展曾让我们狂欢呐喊，也让我们眼花缭乱。在城市里，栽培植物占满了城市的大小角落，华丽的绣球、牡丹花和郁金香等固然让人欣喜，但满地的二月蓝和狗尾草又如何不让人心动呢？2020 年春天，我眼睁睁看着校园里大片大片的二月蓝被清理掉，换种上了麦冬。十几个工人忙碌了一整天，把土地清理干净，又召集了一帮工人，忙碌多日才把麦冬全部种上。那片麦冬的长势并不喜人，工人们每天都忙着照顾它们，浇水、除草，但这片土地和春天并不十分搭配。

人们总是按照自己喜欢的方式，试图去造就不一样的景观，或者说另外一片“原野”。可只有真正走进原野之中，才能感受到原野的美丽是无限的，而人造的景观多多少少会缺乏某种力量。

其实，我们在土地上建造房屋、打造园林，忙碌不停的时候，经常会忘记土地是可以孕育生命的。

走在贡嘎，我常常思考一个问题，如果想让城市变得像原野一样富有生命力，为何不种植原本就在那片土地上生长的物种呢？在山里，似乎每片土地都有生命力，取一抔土放置一段时间，你会发现土里能长出一些植物，这就是自生植物的魅力，这就是原野的力量。

自生植物

那些在特定环境内、未经人工播种及栽培等措施而自发进行传播、定居和生长的植物，我们称之为自生植物。

自生植物的出现不需要太多的经济投入，在养护管理过程中也不需要太多的人力消耗。它们的典型特征是分布空间广，并且种类多种多样，可以为鸟类等物种提供栖息地，丰富了动植物多样性，较为真实地体现地域特点，保存适应当地气候环境的本地种。

2019 年秋季的一个周末，我带着一群孩子去朝阳公园寻找那些自生的小草。在白杨和油松的混合种植林地里，我们找到了许多北方常见的小草。

我们看到了具有头状花序的蒲公英。蒲公英是北方最常见的一种草本植物，大家都知道它的种子能够迎风飞翔，可它最具魔力的部位却在土壤深处。蒲公英有着粗壮的圆锥形根，秋去冬来，披针形的叶子枯萎了，黄色花朵不复存在了，带着羽毛的瘦果也都飞向了四面八方，只有根还深深地扎在泥土里，等着春天来临。这就是所谓多年生草本植物的生存智慧——把根深深扎进泥土，积蓄能量。更重要的是，蒲公英的根还具有非常好的清热解毒功效，早已被载入药典。

我们看到了成片的酢浆草，开着黄色小花，有的还长出了圆柱形的小果。酢浆草最智慧的地方就是匍匐生长的茎。茎在地上不断攀爬，每个小节处会生出小根，从泥土中汲取养分，以维系一年三季的花期。酢浆草的叶子是心形的，很招小朋友喜欢。

早开堇菜的头顶上有 3 个开裂的果实，露出颗粒状的小种子，非常饱满。它最大的智慧是缩短了地上生长的茎，不断生出叶片，积聚能量。从早春绽放第一朵紫色花，到秋天第一颗果实成熟，早开堇菜的叶子都在不断生长。

龙葵看上去光溜溜的，它的叶子、根茎和花朵都没有毛被，果实圆滚滚的，成熟时是深褐色的，微甜，但里面藏着有毒物质，不可多食。龙葵的果实和我们餐桌上的番茄、辣椒很相似，小小的种子藏在浆果里，只是后者被人类驯化了。

豆科植物长萼鸡眼草很是特别，它的叶子上有着十分清晰的脉络，为三出羽状复叶，有些革质化，每一片都有白色的脉，与前面见到的植物叶子都不一样，中脉边缘有很多茸毛，其他小细脉很是密集。它的果实就长在叶片下面，荚果像鸡眼一样，小小身躯大大能量。长萼鸡眼草十分耐干旱，是它长期进化而形成的对环境的高度适应性和耐受性。

车前的叶子摸上去不是很光滑，叶脉很清晰。它最大的特点就是莲座状的叶子，站着或躺着，然后在中间伸出穗状花序来。车前是一种很好的药材，清热利水，耐受性也很好，分布很广。

如果不仔细观察，真的发现不了萹蓄的美。白色、粉色、淡红色，萹蓄的花一直在变化着颜色，密集分布在茎上。它的茎是分节的，有节而美，叶片呈线型，扁平而厚实。别看萹蓄的植株小、不起眼，它的花果期可是跨越了春夏秋三季，分布极广，药性极好。

狗尾巴草在风中不停地摇曳着，像喝醉了一样。路对面种植的狼尾草更是“猖狂”，这个季节属于它们。在冬季来临之前，我们能够好好欣赏这些美丽的绿色植物，实在是一件极其

幸运的事情。它们如此有趣，又如此顽强，仿佛有无穷的能力，又仿佛濒临死亡。秋天，本来就是草木的葬礼，或许这就是生命最后一刻的呐喊吧。那一刻，我为这些土生土长的植物感到骄傲。

据统计，北京五环以内40余个不同公园中自生植物的种类高达500余种，它们在公园绿地、生物多样性等方面扮演着重要角色。比如在圆明园、颐和园、奥林匹克森林公园等大型公园中，抱茎苦荬菜、狗尾草、二月蓝、地丁草等植物形成了特定的群落，生命力很是顽强，分布也很广泛，可能是因为这些公园多样性的生境为自生植物的生长提供了良好的条件。

苦荬菜

狗尾草

自生植物为城市添彩增绿，具有较高的观赏价值，它们不同形态的叶、花、果实，展现了不同的色彩和质感，提供了不同的景观效果。在不同的季节，均可以看到这些自生植物的神采。春季的树林里，紫色花朵铺满了地面，主要有二月蓝、早开堇菜、紫苜蓿等；黄色花儿也毫不逊色，抱茎苦荬菜、蒲公英、中华苦荬菜等成群成片地生长着，中间冒出开着白色及蓝色花朵的植物，主要有夏至草及狭苞斑种草等。夏季，那些在风中载歌载舞的狗尾草、虎尾草，占据了公园的大半个角落，旋覆花、蛇莓、灰菜等草儿长满了黄澄澄的花朵，黄色似乎成为夏季的经典色彩。秋季，小草们的茎秆和叶子都变了色，绿色变成了黄色，整片的黄色在秋季绽放，那些在早春绽放的花儿们枯萎了，但是新生的果实却在枝头招摇，或散播满地，等待度过漫长的冬日。

二月蓝

当鼻尖和指尖触碰到小草儿的叶尖时，我们的目光便聚焦于此，我们会感受到一种来自原野的召唤。这种召唤有股神奇的力量，那是来自生命最深处的呼喊，只有足够坚强，才能与这个世界抗衡。

在大力保护生物多样性的今天，城市景观的多样性离不开自生植物的保护与利用。自生植物自发生长，又相互竞争，能够适应本地的自然环境及气候条件，在时间的进程中能够形成稳定的种群形态，进而形成特定的生态系统，比如草地及森林。特别是在城市中，自生植物可弥补人工草坪物种单一化的现象。人工种植的草坪因为物种单一，生物多样性低，群落结构也就不稳定，所以在草坪养护中，不要忽略自生物种的特质，它们能够形成更加丰富的物种多样性及更加稳定的群落结构，在景观效果及生态功能上均有重要价值。

自生植物就像是被人类遗忘了的绿色精灵，我们忙着驯化植物、栽培植物，却忘记了有那么一批顽强生长的绿色精灵，在城市的各个角落默默生长，为城市的自然环境贡献力量。

◤蒲公英

贡嘎山科考笔记

2018 年至 2019 年，我们在贡嘎山进行了多次考察。我把这几次科考的笔记整理成文，以此纪念贡嘎山，纪念科考历程。

海螺沟，梦开始的地方

有的地方走过了就无法忘记，就像有的人遇见了就无法分离。经常性的，我会一遍遍呼喊一个名字：贡嘎山。

因为它承载了我最美的年华，与最美的那群人；

因为它见证了我无助时的悲痛，与满载希望时的欢喜；

因为它吸引了许多崇尚自然、追求和谐、探索科学的人们，也引领着我去认识了这些人。

在这条道路上，还有许多许多脚印要留下，许多许多时光要一起度过。

2018 年 5 月的一天，在中国科学院植物学家们的带领下，一行人一起去贡嘎山进行植物调查，为期十多天，第一站便是海螺沟。

到达海螺沟的当天就出去采集标本，我们共分为四队，朱老师带领我们三个年轻人沿着海拔向上，一路上采集了悬钩子属（*Rubus*）、木蓝属（*Indigofera*）、紫堇属（*Corydalis*）等植物。此时，百花已经遍布山野。来到贡嘎山的第一天，我们就被这里的植物垂直带所吸引了。抬头望去，白雪皑皑，那么在白雪冰川之下，这些植被带是怎样形成的呢？每个带层的植物是什么，它们又有着怎样的联系？时空尺度上又是怎样演化的呢？这些问题在我们的脑海中形成了一个个科幻片场景，但最终，我们需要落到实处，找到一个有意思的科学问题进行解决。

带着这些疑惑，我们开始了第二天的工作。第二天计划去贡嘎山海螺沟营地，在磨西小镇看到了热闹的人群，来来往往，显然这里已经开发了很多旅游资源。从镇子里仰头望去，可以看到从群山里露出的一丁点儿雪山，我们仰望着大自然的奇观，并陆续做着向高处走去的准备。

一大早下起了雨，但并没有阻止我们继续向前。大概 9 点，我们到达四号营地，海拔约 3600 米，老师们从上向下开始采集标本。越过冷杉林，是大片的杜鹃灌丛，坚强的杜鹃在雪地里绿意盎然。贡嘎的春天原来如此坚强，冰雪尚未融化，杜鹃已经盛放。朱老师建议我们穿越杜鹃灌丛去往更高处的草甸。我们披着雨衣，经过约莫半个小时的攀爬，踏过杜鹃林的雪地和滑石，到达山顶。草甸一片死寂，禾本科的草儿们只剩下焦黄的遗体在冷风中瑟瑟发抖。

行至海拔 2500 米左右的时候，就已经是林地了。我们钻入深林，能看到以前的研究者留下的痕迹，那是生态学家们做的样方。1985 年前后，前辈生态学家们在这里采集了大量标本，都是非常宝贵的资料。想到之前阅读的《贡嘎的植被》，那本书里包含了许多故事。来到贡嘎山后，才知道所有的故事都是从这里开始的。于是，便在心里琢磨着要利用已有的“故事”为贡嘎山写崭新的“故事”。

谈起植物的故事，想到了朱老师说过的话，“你站在那里，抬头看，有乔木，还有和你平齐的那些灌丛；蹲下去，你就是草本，植物就是你。在山中，你就这样感知植物”，想必以这样的方式感知自然，故事会更加精彩。

许多野花悬挂在山林间的石壁上，零星可见的果实只有蔷薇科悬钩子属的可食小红果，无疑是早春鸟儿的美味；马桑那一串串圆球形的黑色果实，腹黑有毒，密密麻麻分布在山林里；树林深处，有木姜子属植物挂着绿色小幼果，散发着淡淡的香味。

海螺沟，让我对贡嘎有了最初的印象，我们带着问题来，带着植物回去。采集了很多标本，拍了很多照片，虽不是百花齐放、各种各样的果实在枝头灿烂的时节，但这些都是宝贵的资料，都可以用来书写贡嘎的故事。

◤悬钩子属植物的果实

◤木姜子属植物的果实

◤马桑的果实

◤马桑果实特写

追着云步入山林

这是一个令人着迷而兴奋的日子，阳光灿烂，云彩飘扬，耀眼的白云美得难以形容，在蔚蓝的天空中变换着不同的姿态，互相追逐着，相拥着。它们似乎看淡了人世间的事情，并没有因为山峰海拔的变化而发生变化，无论在山脊的什么位置，它们都陪衬着蓝天，笑迎着草木。

顺着燕子沟向上走去，却是一番与昨日俨然不同的景象。燕子沟是通往贡嘎雪山的另一条道路，与海螺沟是“好姐妹”，其显著差别在于燕子沟拥有奇峰怪石和红石滩。但大家并没有把心思放在观赏风景上，每个人都满怀期待，希望能见到昨日不曾遇见的植物，就像结交一个新朋友一样，满怀希望和欢喜。

想必是云朵指引我们来到这座充满神奇色彩的山林的，阳光并没有穿透林子，我们在林荫下寻觅着。古老而高大的云杉、铁杉，以一种不屈之姿站立在山间。林间依稀可见已经枯萎死亡、躺倒在地的植株，枯萎的树干上长满了绿色植物，主要是苔藓和蕨类植物。

有一些蝴蝶一样的花儿在枯枝上绽放，是四川独蒜兰（*Pleione limprichtii*），它总有那么一片花瓣格外与众不同。在枯枝残骸覆盖的地面上，有许多小草冒了出来，成了一片小草场。小草的身体十分纤细柔软，看上去很是茂密地分布着。许多圆锥状、总状花序的粉紫色花儿如梦如幻般漂浮着，像薄雾一样轻盈。这里还有报春花属、龙胆属、粉条儿菜属等植物，每一种植物都有着它们自己独特的芳香和颜色，无论是红色、白色、紫色、蓝色还是黄色，都给这片枯树林的草地增添了生命的色彩。想到这里，整个人又兴奋起来，一棵大树的倒下，怎能不是给更多小草腾出了更大的生存空间呢，这样太阳就可以给花儿投散光芒了。

◤多脉报春

◤粉条儿菜

◤龙胆花

◤四川独蒜兰

大自然是如此的公平，给予弱小者关照，让万物以平等、和谐、绚烂多姿的方式呈现，这是多么美好的画面啊！人类如果能够像大自然一样无私，或许我们便会走向真正的公平与公正，和谐与繁荣。

沿着山路继续向上，除了高大的裸子植物外，还有许多种至少有 10 年树龄的被子植物。看惯了北方毛絮肆意飞扬如雪花般的毛白杨，再看这里的大叶杨，是那么清雅，仿佛全身散发着光芒。把相机对准那棵仙女般的大叶杨，此时，白云仿佛睡着了，周围更加宁静，甚至连一丝能够扰动这种氛围的风都没有。在阳光和蓝天的陪衬下，大叶杨显得更加挺拔而高雅。

大叶杨

向着山脊的缓坡处行走。突然间阳光不那么刺眼了，我们到了一个非常湿润凉爽的地方，对面是陡峭的山壁，看到一些美丽得耀眼的花儿。路旁有行人经过，手里也拿着一株“耀眼”的植物，“噢，重楼！”大家不约而同高呼着。行人是附近的村民，经常去山里采药。他告诉我们，不仅药材，遇到喜欢的植物也会采，兰花、黄花木、鹿药、厚朴等，但他强调自己并不会把一个地方的所有植株都采光，不然植物就“断子绝孙”了。

七叶一枝花

高大而美丽的厚朴

回眸处，有一棵姿态甚是优美的树。一直喜欢中国台湾作家书写的文字，他们描写了许多中国台湾地区的植物，甚是优美。眼前这棵树是多对花楸（*Sorbus multijuga*），虽然在中国台湾并没有分布，但花楸有许多相似之处，树的亲缘关系注定了它们的命运。

这棵多对花楸在春天的时候就已经美得无法形容了，更别说秋天了。它舒展的身躯看上去很是自由和轻盈，周围的一切对它似乎没有任何影响，这或许就是生命最美好的样子吧！俯下身去，可以看到一些草本植物，延龄草就是最独特的那个，三个大叶子之间冒出一个丁点儿的小花儿。有时候会想，植物是如何实现器官和组织的分配的呢？简直是恰到好处！

返回的路上，大家又被另一种兰花吸引住了。这是一大丛矗立在一座陡峭石块上的三棱虾脊兰，那黄得剔透的花瓣并不是十分一致，总有一个独特的花瓣像是被蹂躏了一样，紫红色的，皱巴巴的，实在是令人难忘。

还有许多物种尚未提及，但它们都值得被纪念，不只是因为它们在贡嘎山，而是因为贡嘎山的土地上有着它们的身影，空气里有着它们的味道。守护住眼前的每一座山林，守护山林里的每一个独特生命，这仿佛是贡嘎山告诉每一个人的，也是我们应该做的事情。

让人流连忘返的多对花楸树

林下独自盛开的延龄草，安静而美丽

认识一下常见的花序吧

花序（inflorescence）是植物形态学名词，是花序轴及其着生在上面的花的通称，也可特指花在花轴上不同形式的序列，常被作为被子植物分类鉴定的一种依据。

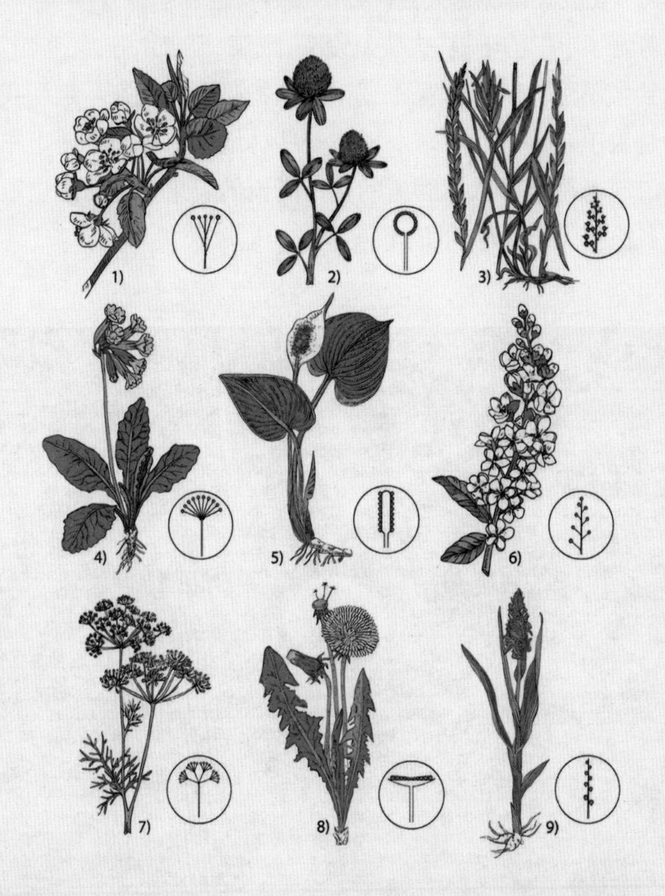

1) 伞房花序　2) 球状花序　3) 圆锥花序　4) 伞形花序　5) 肉穗花序
6) 总状花序　7) 复伞形花序　8) 头状花序　9) 穗状花序

掠过你的“风花雪月”

一大早，感觉非常闷热，或许是环境的影响，从凉爽的磨西小镇到燥热的石棉县城，不是很适应。5 月的石棉充斥着夏日的气息，有种飞机刚刚着陆的错觉。阳光依旧耀眼，每个人的情绪也很激动和高昂。今天计划要去一个更远的地方，我们从干热河谷出发，向更远处更高处的山谷行进。

带好了中午的干粮，主要是馒头、咸菜、矿泉水等，装车出发。刚出县城不远，一排排冒着绒花的植物吸引了大家。起初我们以为是人工栽培的，后来发现在一些林地也有分布，便下车去采集。原来是银合欢，满树的花，满树的荚果，地面上也散落了很多种子，成了河谷两岸最美丽的一道风景。

◤银合欢

为了早点到达目的地，我们加快了速度，可路途遥远，约11点才到达目的地——洪坝乡。依旧是沿着山谷行进。这百看不厌的山峦，不知孕育了多少生命，万物生长于此，这里就是万物的源泉。虽然这丰富多彩的生命吸引了无数学者和游客，但为何山地能够孕育如此丰盛的生命，仍然没有统一的答案，也正是因为这份未知才更让人迷恋此处。

转眼间，云彩出现了，一下子占据了三分之二的天空。有些地方的云看起来像魔鬼一样，肆意地蔓延着，在风的鼓动下更是任性，有些云则像参天大树一样从岩石上倾倒下来，令人记忆深刻。天空看起来灰沉沉的，这是马上要下暴雨的节奏。渐渐地，风开始把一些大的云团打碎，成为碎片的云块开始改变自己的颜色了，由灰色变为白色，浮动着，阳光一点点地从白色的云团里冒出来。云团似乎在天空上舞蹈，又仿佛在迎接太阳，太阳就在云团的手舞足蹈中时隐时现。我们索性带上雨衣，继续前行。

◤绣线菊属植物

圆锥形的山脊成排耸立着，更远处是叠起的山峦，灰蒙蒙的，被云彩遮盖着，像一位披着面纱的老翁。近处的山上翠绿可见，偶有些红色花朵点缀，想必又是杜鹃了。所到之处，看到最多的莫过于杜鹃属植物，贡嘎山简直是杜鹃的王国。

◤大白杜鹃

正午时分，倾盆大雨从天而降，那种磅礴的气势真是很少见。雨衣似乎没有多大用处，峡谷之中积满了雨水，溪流也成了泛滥的洪水，从山脊呼啸而过，远山也挂起了几条白色的瀑布。

我们停止了前行的脚步，只在附近去寻找尚未采集的物种。雨滴落在花朵上、草尖上、岩石上，自然而轻盈地沿着植物的茎秆隐身在泥土里。有些调皮的雨滴就藏身在虎耳草、杜鹃花

的花蕊里，有的悬挂在松杉类的针叶尖上，把命运交给了时间，快乐地向树木诉说着平安和幸福，还有的轻轻躺在柳属植物的柔荑花序上，钻石一样闪闪发光。一阵风吹来，它们不约而同纵身跳入溪流中，最终会走向哪里呢？雨滴们似乎并不在意终点，能够在这山川峡谷中走一遭，已足矣。多么幸福的雨滴啊，每一滴都是一分美好，更有着自己美好的落脚地，山巅、河川、森林、花朵、岩石，皆是它们在这世间走过的路，而那丰盈的泉水便是它们的归宿。

越发冷了，云雾似乎疏散开了点儿。被针叶林覆盖的群山之上，飘起了雪花，但雪花并没有落在山下，“一半雪飘，一半雨落”，我忍不住兴奋地喊道。雪落在 4000 米之上的地方，那里有着怎样神奇的植物呢？我们不禁对高处的生物充满了向往，但山壁太陡峭，无法从此处爬到顶端。

雪花是天赐的精灵，从浩瀚的天空轻盈落下，洒脱而自由。它们沉积在高山之巅，堆积成山，一年又一年，总是站在最高处俯视万物。若有阳光出现，那里便是最光彩夺目的存在。

持续了一个小时，大雨还没有停下的意思，我们索性先吃午饭。午饭过后，就不见有雪的影子了，雨也停了下来，我们继续前行。被雨水冲洗过的植物自带光芒，远处的山峰也闪着小星星。阳光突然出现了，空中最后几朵薄薄的云片也逐渐消退，树林变得更加安静、清新了。

趁着阳光明媚，我们加快了采集进度，心情也更加雀跃起来，为这瞬息万变的天气而激动。俯下身去，在潮湿的草丛中寻找着宝贝。这里主要有开着淡黄色和白色花儿的黄芪属植物，它们匍匐在地上，用力伸展着枝叶；草丛中冒出来一些开着粉红花朵的马先蒿，上面还残留着晶莹的雨珠。跨过草地，是一大片竹林，还能看到水滴在竹叶上打滚。往回走时，遇到几株开着洁白花朵的树，是西康天女花，树龄不过十年，大家不约而同地赞叹："这几株花开得可真好啊！"前几日在小河子沟马路边上见到一株，姿态远不及这几株迷人。我们猜想在贡嘎山深处，一定藏着许多株天女花，这种美丽的濒危植物会在大自然的洗涤中逐渐恢复自己的种群。

同行的师弟采摘了一些花儿，归途中一直端详，从未见他如此认真地观察过某种植物。"难道花中真的有仙女？"有人调侃着，但他听不到，仿佛要钻进花朵中了，或许这就是对自然最深沉、最单纯的热爱吧！

马先蒿

西康天女花

离开山谷的时候，天空已经变得十分澄澈，山谷也更加清幽。可是，雨滴和雪花呢？它们去往了何方？想必聪明的雨滴悄然渗透到植物的体内了吧，渗透到植物小小的细胞里，成为它们的暖流；而那些依恋天空的雨滴想必又被召唤回去了吧，还有那些勇敢活跃的雨滴，纵身跳入了溪流，开启了一段漫长的旅程，它们永不停歇，激昂前进，演绎着贡嘎山的风花雪月。

沿着大渡河谷寻豆子

大渡河谷有一种魅力，望着滚滚奔流的河水，我想到了有云飘过的梦，轻轻地，印刻在心里。

在人迹罕至的高海拔地区待了十几天，忽然看到房子和炊烟，大家都兴奋起来了。

正在此时，导师喊着："退休了来此地也不错啊。要不就把你放在这里搞完论文再回去吧。"

我惊呆了，简直正合我意。确实，我也不想走了。

导师哈哈大笑，"你在这儿每天都要去爬山、找植物，要把这里的草木弄得透透的。"

好主意。

贡嘎山有种魔力，让人来了就不想离开。

整个泸定县城就在山里，干旱、燥热。泸定桥是泸定的地标，也是重要的红色教育基地。我们站在桥上，根本不敢往脚下看。那滚滚而去的水，带走的不仅仅是时间，还有革命者的汗水和鲜血，让我们铭记在心，今日的幸福真的来之不易。

从泸定到石棉，一路都能看到滚滚的河水奔腾。河边的山坡上是一些顽强生长的木蓝属、山蚂蝗属植物，山谷低处则是一片片银合欢。这一路来主要关注豆科这一类群，正因为专注于此，才有了不一样的乐趣。

这些豆科植物大多能够耐受干旱和酷热，这是它们在历史的长河中进化出的“特异功能”。它们的叶片往往较小而厚实，植株不是很高大，有良好的干旱适应性和耐受性。那么，它们的干旱适应性到底是如何形成的，又是如何分化的呢？这些问题仿佛变得有趣起来，如果我们找到了其中的答案，那么将有助于解决植物在未来气候变化下，特别是干旱气候中如何提高环境适应性的难题。

这时，我们看到满山的仙人掌，但随着大家继续向前，耐旱的植物越来越少了，特别是到了石棉一带，眼前多是些热带成分的物种。穿过一个隧道之后遇到了堵车，我们便下车寻找植物。赶了几个小时的路，对车窗外的绿色植物，大家可以说是望眼欲穿，甚是期待。

不巧，外面下起了大雨，那就冒着雨去逛一圈吧。大渡河畔，高大的树木葱葱郁郁，葛藤缠绕着树木，白花羊蹄甲在悄然绽放，常春油麻藤更是放肆生长，占据了一大片林子，像腰带一样的果实长长地悬挂着。师弟前去采摘，却弄得浑身痒痛。原来油麻藤的果实上面长满了锈色毛毛。我们原本想解剖果实，结果发现果荚坚硬无比，还布满了让人发怵的毛状体。于是，

常春油麻藤

我们采集了很多果实，准备做成标本用于后续的研究。继续往林地稀疏的地方走去，找到了一些开着花儿的豌豆属植物，它们缠绕在其他植物上面，肆意享受阳光的抚摸。

雨停了，车开始动了起来，我们要在天黑之前赶到石棉。这一路走来，也算是颇有收获，采集了一些豆科植物标本，解剖了一些花儿，在赶路中寻找可爱的豆子们，也是一番乐趣。

时间就是这么匆忙，像大渡河的水一样，虽然没有尽头但是很快就过去了。一切都源于自己内心的感悟，有些许事情可做，有些许事和物挂念着，便觉得内心充实丰盈了。

为什么多数植物不能在干旱的环境中生存?

目前，全球干旱事件频发，未来干旱化可能会更加严峻，主要表现为土壤含水量下降，而植物生长必须从土壤中获取营养和水分，严重的干旱将会导致植物死亡。那么，植物为什么不能在干旱的环境下生存呢？仔细想一想，我们会明白，水是决定植物存亡的关键因素，而在干旱的环境下，植物水分的传导丧失了，因此，生命便无法存活。

自然界中，干旱和降雨是个周而复始的过程，植物也在这个过程中改变着自己。在植物的世界里，植物的水分利用效率是随着时间而不停演化的。植物对水分的利用主要是通过激素来进行，干旱的时候，它们会分泌一种叫ABA的激素，诱导气孔关闭，提高水分利用效率。

在干旱生境中生长的植物，它们的种子和湿润生境植物的种皮结构是不同的，这主要是受水的影响。一般认为，种子萌发受降水的影响，湿润地区同一种植物的种皮会比较厚，而干旱地区的种皮则有很多通道，遇到水之后会迅速吸收水分进行萌发。所以，植物对干旱和水的适应能力从种子萌发时期就已经开始了。

向群山之巅前进

今日拟定的路线是从石棉出发去往草科。天气与往日不同，空气格外清爽，刚进入山林就有一股神奇的力量，那是花儿的芬芳、泥土的清香和森林的精髓混合而成的味道，从我们的皮肤一直渗透到灵魂深处，仿佛每根神经都在身体里跳舞。

一群庄严肃穆的山峰肩并肩站在那里，焕发着耀眼的光彩。若非这些奇特的树木、生机勃勃的草儿和一切不知名的生物相生相爱于此，贡嘎还会是这般模样吗？在上一个冰期，这里还是一片冰雪世界，只有海拔2000米之下的地方才略有草木生长。想到这里，我不禁感到庆幸，庆幸自己能够看到这个拥有万般姿态的生命世界。

我们从站点出发，向更高处行进，盘山公路可以抵达3000米左右的高度。我们沿着路一直走，开花的树较少看到，路边有些许开着花的植物，主要是毛茛科的草本植物；铁线莲属植物在路旁摇曳着身子，有的在悬崖峭壁上坚强地生存着，白色的花朵在风中恣意伸展，像云朵一般；唐松草属植物的花儿烟花一样地在山林里绽放，有乳白色的、粉紫色的，卵形叶子悄然舒展着，极为雅致和端庄。它们点缀了山林的岩层，也点缀了这陡峭的盘山公路，如若黑夜降临，这些花朵便是地上的星星了吧？报春当然不能缺席了，它总是隐蔽在密林深处。岩石丛中飘过一张熟悉的“面孔”，叶子似花园里的芍药、牡丹之类，仔细看去，原来是一种重点保护植物——川赤芍。川赤芍红而不艳，孤而不傲，把鼻子凑向花朵，有丝丝清雅的气味，沁人心脾，花蕊呈现出艳丽的黄色，这是我最喜欢的颜色之一。

◤川赤芍

◤报春

越过山林，更是一片黄绿搭配的烂漫景象。尼泊尔黄花木成群分布于此，有的 1 米左右，有的长到 2 米高，爬满了蝴蝶般的花朵。总有一片花瓣密布灰色斑纹，花萼弥生出柔软的茸毛，在阳光的照耀下闪烁着银白色的光芒。这些茸毛是尼泊尔黄花木长期适应环境的结果，暗示它们十分耐寒和耐干旱。大自然在造就生命的同时，也造就了雷雨和风暴、严寒和干燥，这些花儿勇敢地接受了这些环境的挑战，在拥有美丽容颜的同时，也让自己变得更加强大。

尼泊尔黄花木

尼泊尔黄花木林上面有片空地，空地上有座老房子，是徒步者的休息场地。房主原本是保护区里的住户，一直没有搬走，留下来为过往的旅客送水做饭。我们在这里吃了午饭，并计划了接下来的路程。

再往上走就是巴王海了，经过一片茂密的栎林，然后就可以到达奔流的山溪旁。这一路的植被很是茂盛，一是因为干扰较小，二是因为雨水充沛。水和阳光是生命繁茂的必需品，有了这两者，植物们也就能笑开颜了。它们从未想过索取什么，总是默默无闻，任劳任怨地生活于此。它们的祖先不知何时何故来到这片山林开拓疆土，土壤逐渐变得肥沃，于是便有了更多植物在此生活，甚至吸引着小动物们也纷纷定居于此。

在另一条路上，和巴王海相对的位置，也是一片美丽的景象，但和这里完全不同。那边是一片荒地，据说荒芜了好多年，可地面上却看不见黑石，特别是 6 月之后，这片废墟便长满了各种各样的植物，马先蒿、黄芪、悬钩子，等等。越过废墟是一大片冷杉林，这片林地抢占了大量的光和热，它们密布着、拥挤着、矗立着，似乎商量好了一般，要合理利用这有限的资源。林地里只有地面上匍匐着一种悬钩子属的植物，除了枯枝残体上的苔藓和蕨类，林地里很少见到绿植。林子边缘有些小灌木，自由地伸展着身躯，仿佛在呼风唤雨。林边的小路上冒着许多冷杉小树苗，青翠的小叶子躲在落叶层下边，好像在寻找庇护，也有的树苗已经独立生长笑对阳光。这些树苗都能长成大树吗？我不知道。

日落时分，我们仍在高山地带，不舍得离开。这片宁静而深幽的古老森林吸引了我们，这里的万物似乎都洋溢着热情，面对时光流转时也能拥有自如的笑容。

草原杜鹃花

开口箭

每次下山都是收获满满，带着许多花果的枝条或是整株小草。我们要把山中的这些植物做成标本，永久保存在亚洲最大的标本馆中。

世界上找不出两片完全相同的叶子

就像人的长相各不相同一样，植物的叶子也有各种各样的形状，如鳞形、披针形、楔形、卵形、圆形、镰形、菱形、匙形、扇形、提琴形、肾形等。

如画贡嘎，七月雅家梗

一群野马在高原草地上悠然自得地啃着草儿，草地旁边的湖水纹丝不动，任凭远处的云肆意飘浮。湖中央露出一些石头，石头上面爬满了开着花的植物，黄色的，像太阳。这些草儿是高原的守护者，它们几乎散布在高原的所有角落，想必是菊科和毛茛科的一些植物。湖畔是一片沼泽地，长满了草儿，桔梗、毛茛、黄芪等，成为关系亲密的伙伴，它们在丰裕的水热环境下显得那么光鲜，充满了生命的活力。

◤马先蒿属植物

羽裂绢毛菊◥

今日的采集队伍较大，增加了一些新的成员，最年轻的只有 10 岁，他的乳名叫瑞，地地道道的康定小男孩。瑞从湖畔开始向山的更高处爬，一直不停地爬，穿过杜鹃丛，不停地寻找植物。他找到了狼毒、瑞香，它们都正开着花儿，周围还有很多葱属的植物散布着，冒着粉色或者白色的花朵。他很兴奋，问我：“姐姐，你有什么梦想？”我愣住了，一时忘记自己曾经的梦想了。他爽朗地说："我要成为一个考古学家，但我也想成为一个作家，我喜欢冒险和写作。"心头涌过一股暖流，自己又何曾不是啊，"姐姐和你一样，我们有着同样的梦想"。

"你为什么想考古呢？"我好奇地问。他说："很小的时候，爸爸带我去山里看红石头，我很好奇，这些石头是什么时候形成的呢？其实那种红色是一种生命物质，是藻类，是它们释放出了让石头变成红色的元素。"

"可塑之才啊，你一定会实现你的理想的。"我朝他挥挥手。

"姐姐，你教我采集标本吧。"他很认真地说。

我把枝剪递给他，把采集袋和标签也给他，然后开始讲标本采集的步骤和要点。"草本植物，必须把它们的根都挖出来。尽量采集有花和果实的植株，并且长势要好，没有虫害，这样便于后续的研究。而木本植物呢，要剪下 15 厘米左右的枝条。枝条的选取也是一样的道理，长势良好，有花或者果实，能够代表这个居群植物的情况。"他一下子就明白了，麻利地开始操作，非常认真地寻找并专注于每种植物，还不停地问每种植物的名字。

原以为小孩子的热度只有半小时，或者更短，可是瑞一整天都很认真地采集或者记录植物的编号。工作之余，他还不停给我讲他小时候来山中找杜鹃花和一些动物的故事。他激动地说："我们这儿的山里有很多很多宝贝，等我长大了要一一研究它们。"这大概就是康定的魅力吧，或者说是贡嘎山的魅力，它赋予了孩子们勇敢、勤劳和聪慧的品质。

这片原野也教会了我们许多道理，从物种相互作用的角度，反思人们相处的模式和不断竞争的现状。或许这就是社会发展的必然吧，就像眼前的植物一样，因为它们占据了一定的位置，为了生存，或多或少要争夺资源，让自己及后代生存下去。

科考现场

植物之间有竞争吗？

从科学角度来讲，高海拔地区的植物往往是相互协作的关系，它们长久地维持着这种关系，在较为贫瘠的草地上甚至是石缝中“抱团取暖”。高海拔地区的气候变化更是不可捉摸，因此它们必须团结一致面对严寒而多变的气候，这或许就是植物的智慧吧。低海拔地区的植物则更倾向于竞争光和热，以此不断扩大自己的领地，不断扩充子孙的数目，以量取胜是它们的一贯作风。那些低处的藤本用尽全身力气向上爬，林下的野草更是奋不顾身，为了阳光而努力，这也许就是小草的宿命。

生命中，有的人注定是大树，有的人则是那不断攀爬的藤，缠绕着一棵棵树，直到树木死亡，它们称霸一片林子。还有些人注定是草儿，看上去渺小无助，却无比坚强，因为要活着，要努力争取光和热。无论是哪种植物，在生命的轮回中注定都要走向消亡。那么，生来是什么，就长成什么吧，不卑不亢，努力生长！

苞叶大黄

大花红景天

圆叶筋骨草

对着雪山呼喊

第一次误入折多山是在 2018 年 5 月的某一天。本来我们是顺着康定附近的另一条沟壑向山上前进，后来发现沟壑干旱，植被状况甚是不佳，除了杜鹃灌丛和刺柏之类，少有分布更为多样的植物。我们调查完毕，就索性向更远处行进。

沿着 318 国道来到了一处高地，四面望去，灰黑色的土地上覆盖着冰川白雪，望不到尽头。山就像老人布满褶皱的脸，蒙着白色面纱，却在风中笑靥如春，这才是名副其实的折多山。

山顶仿佛近在眼前，慕名而来的人纷纷向高处攀登。沿路的台阶已经铺好，越过这些人工铺设的路径便是大片的荒原了。

鸦跖花

除了鸦跖花（*Oxygraphis glacialis*）在雪堆里绽放，没有看到任何其他的花朵。我们就肆意在雪地里打滚，欢呼着，歌唱着。这是在海拔 4000 多米的地方，这里是春天吗？少有生命的气息，几乎没有任何色彩，这和北方的冬天又有什么不同呢？有些许失望，但有雪，便有了无数的热情和希望。

我们一直到山的顶端，探寻植物分布的极限。我们对着雪山呼喊，呼喊贡嘎，呼喊我们爱着的人的名字，也呼喊深深埋藏在泥土里的生命，赶快绽放吧。但植物有着自己的生命节律，时间不到是不会冒出地面的。突然觉得，植物的反应真是太慢了，种子萌发，根系伸张，一切都是那么慢。当然，这些慢动作也不受人类所调控，植物们会按照自己的方式和习惯来到这个世界上，感受阳光和风雪，这就是它们的习性。

既然有行为，就是有思想的。那么，植物的行为受什么样的思想支配呢？如果从微观的角度研究植物，不难发现，它们的每个细胞都承载着生命的行为，也决定着自己的命运。它们通过基因遗传，把最宝贵的“品行”遗传给子代。比如，这些世世代代生长在高山上的草本植物，它们给后代的是那些饱经严寒、抗环境胁迫的优良基因。当然，它们也在不停地演化，在时间的长河里历经磨难，又不断生出新的特性。大自然的多样性就这样展现给我们，然而，这背后的奥秘需要我们去探索。

又过了一个多月，我们再次来到这里，上次打滚的雪山已经成了一片片花海。我们迷醉在花海里，豆科、菊科、石竹科、瑞香科、罂粟科、兰科……岩黄芪、狼毒……一个一个数着，又一遍一遍为它们鼓掌。我们定位每一朵花的位置，猜想它们是何时来到这里，又是如何来的，它们为何而生，如何共存，为何如此绚烂，铺满了整个高原？这些美丽的草本植物，它们是如何适应着这样的环境，环境又是怎样塑造它们的呢？几十年、上百年、几千年之后，这里又会发生什么变化？

◤问客杜鹃

◤山光杜鹃

◤绣红杜鹃

◤红棕杜鹃

想要了解植物们的未来，应该理解它们的过去。

这次科考之后，我便搜集了大量资料，试图去了解这些美丽生命的过往，过去几十年、几百年、几千年甚至更远，这些高山精灵的历史就像谜一样让人费解又让人着迷。

令人惋惜的是，在一年之中，这些高山植物的生存时间还不足3个月，它们必须在短短的时间里完成生命的整个历程——萌发、生长、繁殖、凋零。这些过程也是它们与环境相互交融的过程，通过和其他生物相互协作，互帮互助，构建出一个强大的网络来应对恶劣的气候。

对着雪山呼喊吧，告诉我，也告诉你，生命为何如此绚烂？

贡嘎深林中的故事

远山尽头，在皑皑白雪里，有攀登者刻下的深深足迹；贡嘎之下，在密密深林里，是科研者留给大自然最美好的祝愿。

在桦树林里，研究者们正在一丝不苟地记录着植物的生长状况，居群的数量，从低矮的草本，到几十米高的大乔木，从每一片叶子的大小及叶绿素含量，到地下每一个在黑暗中爬行的微生物，这片600平方米的土地上包含了太多的信息，每个信息对贡嘎山的解读都十分重要。

什么是样方？

样方是用于调查植物群落数量而随机设置的取样地块，对于地块的要求是面积尽量小，但又能包含所要考察区域的大多数物种。

如何做样方调查？

首先，大家用皮尺准确拉出一个20米×30米的样方。样方的选址很是讲究，要选择植物生长良好并且很少受人类活动干扰的地方。然后，用GPS仪和罗盘记录坡向、坡度、经纬度和海拔，这些信息的准确记载对后来者重新调查十分有用。

最关键的是记录和取样这一步，大家要齐心协力，通力合作，记录600平方米里所有物种的名字、数量、高度、盖度等，还要取标本和样本进行室内实验。一般情况下，9个人完成一个样方需要2～3小时，接下来就是按照海拔梯度继续寻找下一个样地。所以，采集植物标本免不了要跋山涉水、钻林爬树。

最后的挑战便是对实验材料的处理了。为了弄明白一个群落里的物种是如何共存、如何合理分配资源、如何相爱相杀的，要做大量的研究工作。鉴定出每个物种是研究的基础，特别是在没有花果的时候，也要熟练掌握这些植物的特征，这就非常考验研究人员对研究区域内植物的熟悉度。

每次科考，总会有不一样的收获。我们清楚地认识到，森林里的每个生命都有自己的社群生活，和人类社会有相似的地方，植物之间也构建复杂的网络结构，相互依存又相互竞争。

我们钻入海螺沟森林深处，在低海拔处的山林中仰头望去，看不到天际，整个天空都被高大的树遮挡了，偶有一束光落下来，洒在樟科植物的叶子上，那片厚质的叶子便散发着光芒，林子也马上有了生机。五裂槭更是毫不客气，拥挤在这个山林中成群生长，但我找不到一片完整的叶子。它们那动物爪子形状的叶子，上面满是被虫子吃过的痕迹，叶脉附近也全是孔，这些孔见证着它们在森林里发生的故事。林子里最吸引人的莫过于正在盛开的花朵，比如凤仙花、偏翅唐松草等，还有一些诱人的果实。

凤仙花属植物

铜钱叶白珠

偏翅唐松草

穿过这片林子时，如果不小心，就会被一些灌木丛狠狠刮到。那些茎上长满刺的悬钩子属植物，一边挂着让人垂涎三尺的红得发光的果实，一边又张开满是刺的枝条，像是宣泄着什么。荷包山桂花则十分清雅，它就站在那里，站在满身是刺的藤蔓前，不屈不挠，享受着属于自己的阳光。那一个个黄色的像鸟雀一样的花儿，有的低垂着头，有的傲然挺立，似乎在对这片山林唱着赞歌。有的果实已经长成，像一个个小荷包挂在枝头，它们看似独立，却在时时刻刻争夺着阳光、水分和矿物质。荷包山桂花在海螺沟分布十分广泛，林下和路旁，随处可见。

荷包山桂花

除了这些鲜活的生命，在森林里行走，脚底下多是些枯枝残叶。这些枯枝残叶给许多小动物和微生物提供了生存空间，也有一些苔藓生长于此。植物残骸的分解，从生物学角度讲，实质上是微生物胞外酶的分解过程。那么，它们需要分解多长时间呢？在分解过程中，它们又会给大气留多少碳和氮呢？不同的叶子和枝丫分解的速度是否一样呢？它们分解的驱动力又是什么？森林中似乎有许多问题在等待我们的探索。

在森林里，我们不能忽略任何生命及非生命特征的存在，就拿植物的枯枝残叶来讲，它们对整个森林的运作起到了非常重要的作用。比如，它们能够保持水土，增加微生物的繁殖空间，提高土壤肥力，提高地表温度，抑制其他群落植物的成长，为幼小种苗提供遮盖，从而建立植物群落的优势种群，它们对森林的生产力和生态恢复提供了重要帮助。

森林，是我们人类生存发展的主要依托，森林提供能源、粮食、木材、药材等，也是天然氧吧。但是，目前气候变化等问题影响了森林健康有序地运转，需要我们更深入地认识森林，保护森林。

科考现场

气候与植物的关系

气候是驱动全球植物残骸分解的主要因素，降水、温度的一点点改变都能够影响这个复杂的过程。科学家已经证实，不同地区、不同类型的植物凋落物，比如根和叶，分解速度是不同的。如果南方和北方的森林都去过，则不难发现这一现象。当然这主要是受气候的影响，南方地区降水充分，植物的枯枝残骸分解就较快。

研究者通过试验得出这样的结论：随着温度和降水的增加，根和叶的分解速度都是增加的，无论在什么生态系统类型中，只要温度和降水升高，就会促进枯枝败叶的分解。但在同一片森林中，一般情况下叶子的分解速度要高于根，因为叶片本身是由细胞构成的。每种植物细胞壁的化合物含量是不同的，因此分解速度也是不同的。这些化合物主要是蛋白质、单宁、纤维素、糖、核酸及木质素等，微生物会分解这些化合物。如果枯枝残叶中糖含量高，分解就比较快，如果单宁及木质素含量较高，分解速度就较慢。整体来说，木质素分解较慢，蛋白质分解较快，纤维素和半纤维素分解也较快。另外，叶片的结构也能影响微生物分解凋落物的速度，如果我们解剖了叶子的形状，就可以找到答案。

除了气候影响，大气氮沉降也会对植物带来很大影响。氮是蛋白质的主要成分，是植物生长重要的营养元素。因为植物并不能直接从大气中获取氮元素，多数植物必须从土壤中获取，所以在种植水稻、玉米等农作物的时候，要施加氮肥。但有的固氮植物比如豆科植物，根部有根瘤菌，可以共生固氮。大气氮沉降增加会导致土壤酸化，从而引起植物多样性降低。

大气中氮的增加不仅影响植物、动物、微生物的生长，还会改变它们的互作网络。这个强大的生命网络一旦改变，对森林的危害是很大的。氮的增加改变了气候 - 凋落物 - 分解者构成的网络三角关系，也就是说，如果我们不停地给森林添加氮，不仅森林中植物群落的组成会发生改变，而且微生物分解这一精细的生命活动过程也会受到影响。在微生物分解过程中，这些小生物会产生不同的酶，来分解不同的物质。如果微生物的群落组成发生了变化，它们分解微生物的酶动力也就发生了变化，酶的活性会下降，从而影响枯枝残叶的分解速度。如果分解者没有完成使命，就会破坏整个生态系统的物质循环和能量流动，土壤中强大的食物链网络将发生断裂，许多细菌、真菌、动物等就会因为饥饿而死亡，那些在黑暗中的生物，也会像在盲盒中一样不知所措。

贡嘎的植物精灵

贡嘎山的植物种类繁多，我们记录了一些印象深刻的植物，这些植物在贡嘎山的分布非常广泛，与我们人类也有着密切的关系。

双刃剑，贡嘎的银合欢

乘车行走在燥热的大渡河畔，五月的贡嘎河谷里到处是一闪而过的银色绒绒花，像顽皮的孩童一样笑语盈盈。轻声说一句：你好呀，银合欢！

银合欢为豆科（Leguminosae）含羞草亚科 (Mimosoideae) 银合欢属（*Leucaena*）植物，多年生灌木或乔木。原产美洲，16 世纪以来广泛引种菲律宾、马来西亚、印度尼西亚、泰国、印度等国家和地区，并在这些地区大量繁殖栽培，现广泛分布于世界热带及亚热带地区。《中国植物志》（中英文版）里记载该属约有 40 种，只有一种分布在中国，这个种便是银合欢（*Leucaena leucocephala*）。该种在中国已被广泛栽培利用，曾被学者和专家们广泛研究，具有重要的利用价值。

银合欢的重要价值之一，是作为动物饲料，在畜牧业中具有重要作用。早在十几年前，就有很多研究者致力于开发银合欢的饲用价值。他们通过实验研究表明，银合欢叶和嫩枝含丰富的蛋白质、脂肪、矿物质和各种微量元素，尤其是粗蛋白含量很高，一亩能产粗蛋白 240 ~ 380 千克，相当于 500 ~ 750 千克大豆的粗蛋白含量。与苜蓿相比，银合欢平均亩产蛋白质含量为苜蓿的 1.8 ~ 2.8 倍，曾被誉为“蛋白质仓库”。可见，该植物是理想的蛋白质饲料，可青饲、干饲、青贮和放牧家畜，为补充我国常规饲料蛋白质资源不足具有重要意义。

另外，银合欢作为重要的速生造林树种，在水土保持绿化中不可或缺。面对森林资源急剧减少的今天，我们希望找到一类植物能够快速成林，既能保持土壤肥力，又能防止森林火灾。

当我看到大渡河畔干热河谷地带成片的银合欢时候，似乎受到很大鼓舞。银合欢生长迅速，适应性强，能经受干旱和狂风暴雨的袭击。更重要的是，它们和其他豆科植物相似，根系中有大量的根瘤菌，即使在贫瘠的土地上照样能茁壮成长，郁郁葱葱。它的价值不言而喻，可用于荒山造林，保持水土。

在园艺景观上，绒球花作为重要的素材，可于校园及庭院中栽培。花似绒球，叶如飞羽，秆若流水，姿态翩翩，怎能不做个盆景呢？最主要的是这种花一点儿都不娇气，它的生长能力特别强，并且长得很快，能够大大缩短盆景的成型时间。用种子繁殖，育成小苗制作盆景，一两年就可以基本成型，这在大力提倡自育小苗的今天，意义特别重大。银合欢盆景管理起来也很方便，该植物对土壤要求不严，中性或微酸性土壤均可，喜阳光，好温暖，耐旱，平日里把盆景放在全日照的通风处即可。

银合欢的繁殖能力很强，一棵树能产生几千颗种子，果荚数量众多，成熟后掉落或裂开，会被风、水流带得到处都是。目前已在多地发现该树种“泛滥成灾”，它不仅抢占了红树林植物的生存环境，更因其密集生长的枝丫，也对鸟类造成了不利影响。福田国家级自然保护区的工作人员说，“由于其太过密集，林鸟不愿栖息，水鸟更不会栖息在树上，所以这种树对鸟类没有什么益处，如果大面积分布的话，等于侵占了鸟类的栖息地”。可见，该植物已在南方地区严重破坏了生态平衡。

银合欢满树的果荚在贡嘎山最低处的河谷里热烈地绽放；乘车而上，半山腰处则是满眼的绒绒花，直到海拔2500米处还有它们的身影和庞大的族群。

双刃剑，是你吗，银合欢？

黄花木，大半个贡嘎都是你的

最初见到这种豆科植物是在燕子沟附近的一家人的后院，男主人是一位勤劳的藏族朋友，屋前屋后都种满了植物，大多是从山上采回来的，独蒜兰、玉兰、鹿药、芍药等，看上去和花卉市场的大不相同，露珠打上去，别具一番风味。后院的菜园子里种了很多黄花木，严格来讲属于尼泊尔黄花木（*Piptanthus nepalensis*），一种豆科黄花木属的小灌木。这些黄花木看上去并不高大，可能是去年才播种的原因，但有个别株已经长到 80 厘米了，开着黄色的花儿，像黄色蝴蝶一样。绿油油的院子里，一阵风吹过，这些花儿便成了跳舞的蝴蝶了，宜观赏，远近皆可。

我们还是想看到黄花木野生的状态，于是，沿着山林向更深处走去。约莫到达 2800 米的地方，便看到成片的“黄色蝴蝶”在绿色的枝头摇曳。好美丽的花儿呀！花儿的外围是一层层白色的绒毛，可以防止虫害。我们继续走，又是一大片林子，可是生境略有不同。在干旱的山坡，在湿润的山谷，在路边，都可以看到黄花木的影子。

又一日，我们沿着 318 国道去九龙，国道两旁，均可看到黄花木的身影。到了九龙，沿着山谷，也可以看到黄花木的分布，仿佛大半个贡嘎山都属于它。在中国，这种植物多分布在滇藏地区，国外主要分布于尼泊尔、不丹、克什米尔等地。在海拔 3000 米左右的山坡针叶林缘、草地灌丛或河流旁，野生分布的类群还是很多的。

顽强生长的黄花木，可在人工培育下大量繁育种苗，可在横断山区的干暖河谷进行栽培，用于植被恢复、植物园园路绿化工程等项目，也广泛栽植于云南、四川等城市的道路绿带、建筑附属绿地、停车场绿地等多类型绿地，它可以成为高原城市的绿篱新宠。

五味俱全的五味子

五月份，在泸定县的南门关沟，遇见开着红花的华中五味子和红花五味子，均属于木兰科五味子属植物。听其名，便想起我国悠久古老的中草药历史。早在秦汉时期，五味子就是宝贵的中药，著名的中药学专著《神农本草经》更是将其列为上品。

那么，五味子的名称是怎么来的呢？宋朝名医苏颂语："五味皮肉甘酸，核中辛苦，都有咸味，此则五味见也。"此乃五味也。五味子可养五脏，酸入肝，苦入心，甘入脾，辛入肺，咸入肾，五味俱全。唐朝药王孙思邈语"五月常服五味子以补五脏气"，明朝医学家李时珍也曾说过"五味子咸酸入肝而补肾，辛苦入心而补肺，甘入中宫益脾胃"。除了药用外，五味子属植物还有很高的观赏价值。其藤蔓悠长，挂满了红色的花儿，红花谢了，又是一串串红色的果实在枝头，从春天到秋天，都是火红的。

再回到木兰科植物，《中国植物志》记载，该科全球有3族（五味子族、八角族和木兰族）18属，约335种，主要分布于亚洲东南部和南部，我国有14属，约165种，南方分布较广。该科植物不仅长得好看，还有重要的药用价值，自古以来都深受人们的喜爱。

最初认识木兰科植物是在很小的时候，我的家乡盛产辛夷花，被称为"辛夷之乡"，家门口便种了玉兰、辛夷（紫玉兰）。上高中时，同学们一起去山上栽种玉兰幼苗，等花开了，我们还会捡一些花瓣放到湖里。有人看到便说，荷花开了。其实不然，荷花怎么会在春天盛放呢？认识八角则是在南方的保护区，几年前去广西的十万大山，看到满山的八角树，很是吃惊。从八角林中走过，阵阵芳香。当地百姓依赖种植八角，年收入甚至可达十几万。

五月的贡嘎山，五味子正开着美丽的花朵，与其属于同一科的康定木兰、西康天女花等，也在这个时节成了贡嘎山的一道亮丽风景线。

红花五味子

厚朴

贡嘎的杜鹃花

在贡嘎，印象最深的莫过于杜鹃花科植物，从低海拔到高海拔，都可以看到该科植物的身影。早期的采集者看到贡嘎满山杜鹃花的时候，曾感慨说“这是绿色世界里的贵族”。这个位于青藏高原东南缘的山峰是杜鹃花家族的集聚地。在贡嘎，杜鹃花属植物多达上百种，多达 20 种杜鹃花科植物模式标本便采集于此，如折多杜鹃花、大叶金顶杜鹃花等。

每到一处，我们都能寻到不同种类的杜鹃科植物，比如亮叶杜鹃（*Rhododendron vernicosum*）、绒毛杜鹃（*Rhododendron pachytrichum*）、粉紫杜鹃（*Rhododendron impeditum*）等，它们拥有不同的结构和不同的颜色，主要区分点就在于花的结构、叶子形态及表皮毛等，但该类群的物种也不是那么好鉴定的，必须下一番功夫，从分属开始，一点一点对着检索表对比不同标本的特征。

◤毛肋杜鹃

亮叶杜鹃

《中国植物志》有记载，该科植物约 103 属 3350 种，全世界分布，除沙漠地区外，广布于南、北半球的温带及北半球亚寒带，少数属、种环北极或北极分布，也分布于热带高山，大洋洲种类极少。我国有 15 属，约 757 种，分布全国各地，主产地在西南部山区，尤以四川、云南、西藏三省区相邻地区为盛，这里也是杜鹃属（*Rhododendron*）、树萝卜属（*Agapetes*）的多样化中心，且极富特有类群，是该类群植物的起源地。

杜鹃花无论分布在哪里，给人留下的印象都是热情如火，丰韵而灵动，在世界园林中占据重要位置。除了好看，该科的越橘属植物可食用，营养价值极高，比如蓝莓，深受大家喜爱。于是，科学家们纷纷对野生杜鹃进行驯化，对具有重要园林价值的杜鹃花进行生物学实验，培育新品种；对于特别濒危的特有物种，进行就地保护，保留其珍贵的基因资源。

◤锈红杜鹃

隐蕊杜鹃

绒毛杜鹃

粉紫杜鹃

金露梅灌木丛

在高原上行走，我们会找到另一种明星物种，金黄色的花朵在白色雪地的映照下显得格外耀眼。这种植物便是蔷薇科委陵菜属金露梅（*Potentilla fruticosa*）。金露梅习性较为坚韧，耐严寒，对贫瘠的土壤及强烈的紫外线都比较耐受，在恶劣的条件下也能够生存。当然了，如果水分条件比较好的话，这些植物会形成大面积的灌木丛林，即使缺水，在一些岩石旁和干旱山坡上也可以找到它们零散分布但依旧坚强生存着的身影。

仔细观察金露梅的形态，会发现不同灌丛有细微的差别，特别是叶子的数目。金露梅一般都是羽状复叶，有5小叶、6小叶、7小叶、8小叶，但5小叶和7小叶的植株占多数。7小叶的植株叶子较小，植株也相对较小，有人称这是一个变种——小叶金露梅。金露梅常常混在一起生长，但可以从形态上将其区分开来。

这些年，随着人们对大自然的不断认识，植物的经济价值也越来越受重视了。有些研究者已经在利用金露梅开发茶叶，但建议还是通过引种栽培来实现其经济效益，不要过度开发野生资源。再者，因为金露梅极耐严寒和干旱，园艺学者可以引种进行盆栽造景，实现其观赏价值。

为什么它们如此耐严寒和干旱呢？可以从植物的形态上寻找答案，比如它们会把叶子变得小而厚实，全身会披上白色的、毛茸茸的纱衣，或者长出刺儿来，这些都是高原植物适应环境而演化出来的特质，比如龙胆、雪莲、垫状点地梅等一些常见的高原草本植物，就是采取这种策略来抵御严寒的。

金露梅也不例外，它们生生不息，在高原上无限拓展着自己的疆土，像永远打不倒的勇士。其实，高寒植物之所以能够在此生长是因为它们有必备的武器，这个武器最重要的三个“零件”分别是：迅速感知外界变化，巧妙并顽强应对，不断演化去适应环境。这是植物的生存智慧，它们调动全身的器官及细胞零件去感知并应对环境的变化，然后在漫长的进化过程中不断演化出适应这种环境的基因。基因一旦形成就会世代延续下去，周而复始地繁衍生存。

掠过大渡河畔的常春油麻藤

2018 年 7 月的一个雨天，在赶往石棉县城的路上遇到了这一挂满长长果实的藤子，至今记忆犹新。牛马藤啊，我们呼喊着它的名字，能在贡嘎山遇到豆科（Leguminosae）油麻藤属（*Mucuna*）植物，很是惊喜，它们恰好生长在低海拔地区，可见该植物喜欢热的环境。《中国植物志》记载油麻藤属有 100 ~ 160 种，大多分布于热带和亚热带地区，在我国南方约有 15 种，而在贡嘎山，采集标本的时候我们只看到了常春油麻藤（*Mucuna sempervirens*）。

常春油麻藤属于豆科油麻藤属植物，也称牛马藤，常绿木质藤本，茎长能够达到 25 米，羽状复叶有 3 个小叶；花序总状，花冠紫红色，花萼有锈色浓毛；果实为荚果，荚果木质，条带形，果皮坚硬，被褐色粗毛，种子多数。

最迷人的当属常春油麻藤的花了。花通常生长在老茎上，花期常在 3～4 月，盛花期为 4 月上中旬，花为深紫色，远远望去像是一串串紫色的蝴蝶聚拢在一起，其花蜜有独特而难闻的气味，以此吸引蝙蝠和蜜蜂等小动物来取食，进行传粉。蝙蝠传粉是比较特殊的一种传粉方式，在 67 科 528 种已经报道的被子植物中都发现有依靠蝙蝠传粉的现象。一般而言，通过蝙蝠传粉或传播种子的植物，花或果实产生的气味都较为难闻，通常有含硫化合物等。

除了美丽的花，常春油麻藤还有很重要的药用价值，藤茎能入药，具有活血化瘀、舒筋活络的功效，与鸡血藤类似。除了可药用，《中国植物志》还记载，该植物的茎皮可用于织草袋和制纸，种子能够用于榨油。

该植物具有很强的吸附和缠绕树干的能力，其主藤通常沿着寄主枝干向上爬行，充满了力量，能把寄主紧紧缠住，依赖附生根夺取寄主的养料及水分。它硕大的藤和叶还会与寄主争夺阳光，寄主往往会被绞杀死去，这就是自然界中常见的绞杀现象。绞杀植物通常是攀缘植物或藤本植物，它们利用卷须、根或棘刺缠绕在被绞杀植物的植株上。常春油麻藤就是一种典型的绞杀植物。

许多资料都提到常春油麻藤形态优美，生态适应性强，具有很高的观赏价值。不过，该植物能够在很短的时间里抢占有利生态环境，附生缠绕在其他植物上，上边遮挡住阳光，下边根系吸收土壤中的大量养分，对其他植物的生存会造成威胁，因此目前在园林上应用较少，但其可以作为边坡修复的重要植物，目前在广西等地高速公路边坡生态修复中有重要应用。

常春油麻藤目前集中分布于我国的热带及亚热带地区，比如四川、贵州、云南、陕西南部（秦岭南坡）、湖北、浙江、江西、湖南、福建、广东、广西等地，常生长于海拔 300 ~ 3000 米的亚热带森林中、灌木丛、溪谷及河边，日本也有分布。在贡嘎地区，该植物主要集中在大渡河谷低海拔地区，远远看去就是一大片的藤蔓。

被葛藤缠绕着的贡嘎山林

沿着大渡河谷底向贡嘎山的更高处行走，可以看到山林被葛藤缠绕着，从林子低处向高处仰望，几乎寻不到阳光的踪迹。我们不禁对这种植物充满了好奇，它有着怎样的形态特征，又是如何占据了这片山林？它们有着怎样的用途呢？我们将对这些问题一一进行解答。

葛藤（*Pueraria montana*）是豆科蝶形花亚科葛属（*Pueraria*）多年生藤本植物，原产于中国、日本、朝鲜、印度等亚洲温暖地区。葛属植物在世界上有 20 多种，我国约有 15 种，在我国，除了新疆、西藏，其余地区均有分布。

形态美丽的葛藤，全株有黄色长硬毛，茎长10余米，顶生小叶菱状宽卵形，长6～20厘米，宽7～20厘米，叶子先端渐尖，基部圆形，有时浅裂，两侧的两个小叶宽卵形，茎部斜形，各小叶下面有粉霜，两面被白色状贴长硬毛，托叶眉形，小托叶针状。

总状花序腋生，长7～20厘米，花多数，萼齿披针形，均密被黄色短毛，花蝶形，紫红色，像一串串开裂的葡萄，或是成群结队的蝴蝶一样。

荚果长椭圆形，长5～9厘米，宽8～11毫米，扁平，密被黄褐色的长硬毛。种子卵圆形，扁，赤褐色，有光泽。花期4～8月，果期8～10月。

葛藤这种植物，生命力极其顽强，缠绕攀缘向上生长或者匍匐地面生长，一般生长于温暖潮湿多雨的向阳坡地、草坡灌丛、疏林地及树林边缘地带，尤以攀附于灌木或稀树上的最为茂密，也能生长于石缝、荒坡、砾石地。葛藤的茎秆呈柔性藤蔓状，坚硬顽强。在贡嘎的茂密山林中，随处可见这种顽强生长的植物，它们大多缠绕着大树，努力向上生长。

贡嘎之外，该植物常用作庭院栽培，与石林相伴，更是别有一番风味。或是缠绕攀缘向上生长，或是匍匐地面，均可看出葛藤的勃勃生机。

葛藤生长历史悠久，民间对葛的记载，最早可见于《诗经》。在《国风·周南·葛覃》一诗中“葛之覃兮，施于中谷，维叶萋萋。黄鸟于飞，集于灌木，其鸣喈喈……”，描述了生长缠绵于山谷中的葛，藤蔓柔长、绿叶茂盛、层层叠叠，山中黄鸟聚集、婉转欢歌。

葛藤具有肥硕的叶片，是优良的绿肥，每年大量的落叶化为丰富的有机质，通过生物风化作用，产生的二氧化碳和有机酸可引起矿物质的分解，形成土壤母质，能够改良土壤，创造良好的团粒结构。加之其强大的根系和根瘤菌的固氮作用，增加了土壤的有机质和氮素肥料，能增加地力并改良土壤结构。

葛藤具有肥大的块根，根系发达而庞大，它密集的侧根和深长的主根，深固在土壤中，有效防止了流水的冲刷和土地的崩陷。由于极强的适应能力，在不易植树植草的地面、土坡、山崖、峭壁、乱石堆等土层薄、土质差、缺水、缺乏养分的地方种植葛藤，既有绿化作用，又可以减缓雨水冲刷地表，防止水土流失。

葛全身都是宝，用途广泛。葛根粉是优良的食用淀粉，葛藤可用于纺织业、酿酒业，同时也是造纸的优良材料。葛根具有很高的药用价值，含葛根素、多种黄酮类成分，性凉，味甘、辛，具有解表退热、生津、透疹、升阳止泻的功效。现代药理研究表明，葛根还具有改善心血管循环、降糖、降脂等作用。葛藤枝叶繁茂且营养丰富，是极具开发潜力的绿色饲料植物。

唐朝著名诗人白居易所作“滤泉澄葛粉，洗手摘藤花”的诗句，表明葛根所制作的葛粉饮料，在唐朝的普及程度已经很高了。崇尚大唐文化的日本，也是葛根的应用大国，虽然日本也是葛的原产地之一，但每年仍要从我国进口大量的葛粉制作保健食品。

贡嘎行记

除了丰富的植物多样性，形态多姿的植物，满山的花海，层层叠起的山峦，贡嘎山还留给我们美好的记忆和祝福。这里有守山人的智慧和坚守，有来来往往研究者洒下的汗水和热情。

最不舍的离别

“我走了，留下两颗星星，一颗送给祝福，一颗送给你！”

要离开贡嘎山的时候，闭上眼睛，脑海里最先浮现的是满山的花海，层林尽染，森林尽头的白雪，覆盖着山顶。

还有许多道理，是守山人告诉我们的，我们会永远记住他的话。他总是说：“做好自己的事情，向上级汇报的时候一定要充满逻辑，你们年轻人要更加坚强而勇敢，像山林一样，做最好的自己。”

野外科考过程中，我们不仅学习了大自然的智慧，也学会了如何处理个人与团队的关系，学会了如何处理个人利益与集体利益的关系，当集体利益实现了，个人也就利益最大化了。更重要的是，把集体目标分割，具体化到个人，严格落实，即可实现集体利益最大化。我们学会了以他人为镜，向他人学习，取人之长；学会了敬畏自然，由衷地热爱大自然。

可是，有些东西是不用刻意学习的，比如，和小孩子玩耍，和有思想的人交流，和大自然对话。

科考队有十几个人，6 位是导师，其他都是师弟师妹，大家在一起有聊不完的话题，数不完的植物。在康定时，我们晚上回来去保护区管理局工作，主要是完成标本压制、烘烤等相关事宜。工作结束，大约晚上 11 点，我们几个人会一起从管理局走到居住的教堂式酒店。

五月的傍晚，一阵暴雨过后，街道上干净明亮，路灯伴着我们一群外地来的学生回到居住的“教堂”。街上空无一人，我们朝着莲花灯呼喊，为什么这里没有夜生活？

人多的地方就会有“鬼”出没，但这里，圣洁之地，只有神灵，就连 10 平方米的小饭馆里也有神的供奉，他们相信上帝的存在，这种信仰促使他们去朝拜、去远方。

最后一个晚上，大家聚在屋子里聊天，畅聊关于贡嘎的故事。似乎所有人都舍不得离去，心中有百般滋味。

甘孜博物馆之行

七月的康定，天空飘着蒙蒙细雨，我们来到山腰下的一个方形建筑物里，这里陈列着出土的文物、历史的影像、民族的服饰、生活的印记、自然的奥秘等。这座富有民族特色的博物馆依山而建，被树木和花草围绕着。进入博物馆，最先映入眼帘的是一对丹巴儿女的雕塑，他们高大而威武，怀里抱着一个孩子。多么朴实的雕像，繁衍和幸福，仅此而已。

仔细地端详着茶马古道的路线，想象着祖先们是怎样一步一步走出大山，又是怎样一步一步走回来，交易慢慢演变成一种文化，即中华民族浓厚的茶文化。后来，这里的人们便有了这样一个传统，谈生意就在茶馆里谈。相比于办公室里拼命工作的人来讲，他们生活得更为随性，与大都市里完全不同。

不得不承认这里的山是有灵性的，不仅是雪和冰的缘故，更重要的是瀑布高悬，流水不断，滋养了万物，溪涧又总是切了高山，在山谷里涌动，生生不息。

走进生态馆。这里不亚于中国自然博物馆，动植物各具风貌，就连野菜和草药也以多媒体的方式展现出来，可见藏族人民对植物的依赖。他们有用中草药磨成泥做面具的传统，认为这样的药物面具能够驱赶魔鬼，保护生命，于是，各色的面具就此诞生了。

走进他们的生活馆，里面陈列着各种服饰和日用品。这里的家具都是红木制作的，不同的山寨建筑也各具特色。想起了318 国道上那几处藏居，房屋上雕刻着图案，甚是精致，屋外是悠闲的牦牛和驴子，一片安详。

什么是文化？文化，不就是生活吗？

那山，那人，那片海

走进贡嘎山，才知道山中藏着一片海。

八望冰川，八望之海！

巴王海由此得名。实际看到，才觉果真如此，云雾遮盖了争艳的百花，也给雪山蒙上了一层洁白的面纱。

海上面是缭绕云雾，下面是万树花海。雪山未见，只有石滩的水激流而下。

有人说，这空灵梦幻的海仿若人间仙境，缥缈而神秘，置身半山腰那“海边”的森林，更是让人神清气爽，流连忘返。

遇见那片海，也遇见那群人。

人们渐渐走远、别离，而海，依然奔腾而下，忘记了时间的流逝，也忘记了秋去冬来的惆怅。

穿过高山栎林和数条小溪，才能走到巴王海的面前。

若非随着兰科专家走一遭，还不知巴王海畔隐藏了那么多种类的兰花。

兰科植物多为国家重点保护物种。贡嘎山生存着上百种兰科植物，它们藏在树林里、石崖上和溪水边，或聚在一起生活，或单枪匹马，悠然自得于山间。忽然想起，中国的文人雅士喜爱以兰花自居的原因便在于此吧。

巴王海正对的地方有一片废弃的石滩，那里长着许多高山植物，科研者们在仔细寻找和研究这些植物。他们有着共同的志趣，钻研大自然的奇花异草，然后，书写植物的故事。他们要弄清楚物种的前世今生，他们也关注任何风吹草动和蛛丝马迹，包括气温的一点点升高，降水的一点点减少。因为这一点点的变化，对于不会说话的植物而言，都可能是致命的。

他们还会思考小昆虫如何影响了植物的生活，土里的微小生命又是如何与地上开着灿烂花朵的植物共享泥土和阳光。

他们构建花儿的生命之树，告诉世人什么样的花儿更早地来到了这个地球上。在漫长的进化过程中，这些花儿又经受了什么样的历练，悄悄地发生着怎样的改变。

那遥不可及的，不是海，不是山，而是神秘的科学殿堂和追寻真理道路上的智者们。

书店，一个城市的眼睛

小城的中心有一家书店，很别致，很快吸引了大家的注意。书店很小，但书很多，风格上有点豆瓣书店的味道。店长是个年轻的姑娘，里面放着她和爱人的结婚照，很是甜蜜。她给我们讲述照片里的故事。因为爱人是军人，多数时间都在外地，他们相识相爱在这里，于是姑娘就在这里开了间书店，等候爱人归家。

在康定，如果有最美丽的事情发生，那一定是爱情。

店长的眼睛里闪耀着幸福的光芒，那光芒，写着爱的故事。

书店里的一面墙上贴满了信件、明信片或者纸条，写着故事、诗句或者发自肺腑的某一句话，大多是陌生人写的。店长介绍说，路过这个书店的人，多数是旅游者，这是他们写给自己、恋人、亲人或者朋友的。每个路过的人仿佛都把这里当成了情感表达地，有人这样写道：

我遇见你的时候，正值，一月，北方，渐暖。

你就是那朵暖暖的梅花。

如果每场相遇都是这样美好，那该多好。

最恨时光为何让人们变化莫测，

我想我永远也不愿见到你。

星星不说话，

但星星永远走不出我的故事。

消失的情愫，会有一面墙记起来，在康定。

博物志

【水母雪兔子】

◎ 中文名：水母雪兔子　　◎ 科：菊科
◎ 学名：*Saussurea medusa*　　◎ 属：风毛菊属

多年生多次结实草本；根状茎细长，有黑褐色残存的叶柄，有分枝，上部发出数个莲座状叶丛；茎直立，密被白色绵毛；叶密集，下部叶倒卵形，扇形、圆形或长圆形至菱形；全部叶两面同色或几同色，灰绿色，被稠密或稀疏的白色长绵毛；头状花序多数，在茎端密集成半球形的总花序，无小花梗，苞叶线状披针形，两面被白色长绵毛；小花蓝紫色，长 10 毫米；瘦果纺锤形，浅褐色。花果期 7 ~ 9 月。

分布于我国甘肃、青海、四川、云南、西藏等地，生于海拔 3000 ~ 5600 米的多砾石山坡、高山流石滩。全草入药，主治风湿性关节炎、高山不适等。

【桃儿七】

◎ 中文名：桃儿七　　◎ 科：小檗科
◎ 学名：*Sinopodophyllum hexandrum*　　◎ 属：桃儿七属

多年生草本，茎直立；叶 2 枚，薄纸质，边缘具粗锯齿；花大，单生，粉红色，花瓣 6，倒卵形或倒卵状长圆形；浆果卵圆形，熟时橘红色；种子卵状三角形，红褐色，无肉质假种皮。花期 5～6 月，果期 7～9 月。

桃儿七产于我国云南、四川、西藏等地，生于林下、林缘湿地、灌丛中或草丛中，海拔 2200～4300 米。桃儿七的根茎、须根、果实均可入药，根茎能除风湿、利气血、通筋、止咳；果能生津益胃、健脾理气、止咳化痰。

【荷包山桂花】

◎ 中文名：荷包山桂花　　◎ 科：远志科

◎ 学名：*Polygala arillata*　　◎ 属：远志属

灌木或小乔木，单叶互生，叶片纸质，叶面绿色，背面淡绿色；总状花序与叶对生，下垂，密被短柔毛，花瓣肥厚，黄色；蒴果阔肾形至略心形，浆果状，成熟时紫红色；种子球形，棕红色。花期 5 ~ 10 月，果期 6 ~ 11 月。

荷包山桂花花色金黄，形似飞鸟，具有较高的观赏价值，根皮可入药，有清热解毒、祛风除湿、补虚消肿之功能，产于我国四川、贵州、云南和西藏东南部等地，生于山坡林下或林缘。

【大叶火烧兰】

◎ 中文名：大叶火烧兰　　◎ 科：兰科

◎ 学名：*Epipactis mairei*　　◎ 属：火烧兰属

地生草本，茎直立，上部和花序轴被锈色柔毛，下部无毛；叶互生，叶片卵圆形、卵形至椭圆形；总状花序，具10～20朵花，花黄绿带紫色、紫褐色或黄褐色，下垂；花瓣长椭圆形或椭圆形，先端渐尖；蒴果椭圆状，长约2.5厘米，无毛。花期6～7月，果期9月。

大叶火烧兰产于我国陕西、甘肃、湖北、湖南、四川西部、云南西北部、西藏，生于海拔1200～3200米的山坡灌丛、草丛、河滩阶地或冲积扇等地。

【三棱虾脊兰】

◎ 中文名：三棱虾脊兰　　◎ 科：兰科
◎ 学名：*Calanthe tricarinata*　　◎ 属：虾脊兰属

根状茎不明显，假鳞茎圆球状，粗约 2 厘米，假茎粗壮；叶在花期时尚未展开，薄纸质，椭圆形或倒卵状披针形，边缘波状；花葶从假茎顶端的叶间发出，直立，粗壮；总状花序疏生少数至多数花，花张开，质地薄，萼片和花瓣浅黄色；花瓣倒卵状披针形。花期 5 ~ 6 月。

三棱虾脊兰生于海拔 1600 ~ 3500 米的山坡草地上或混交林下，可栽培，具有较高的园艺价值。

【四川独蒜兰】

◎ 中文名：四川独蒜兰　　◎ 科：兰科

◎ 学名：*Pleione bulbocodioides*　　◎ 属：独蒜兰属

半附生草本，假鳞茎卵形至卵状圆锥形，上端有明显的颈；叶在花期尚幼嫩，长成后狭椭圆状披针形或近倒披针形，纸质；花粉红色至淡紫色，唇瓣上有深色斑；花瓣倒披针形，稍斜歪，翅自中部以下甚狭，向上渐宽，在顶端围绕蕊柱，有不规则齿缺；蒴果近长圆形。花期 4～6 月。

独蒜兰常生于常绿阔叶林下或灌木林缘腐殖质丰富的土壤上或苔藓覆盖的岩石上，海拔 900～3600 米。

【全缘叶绿绒蒿】

◎ 中文名：全缘叶绿绒蒿　　◎ 科：罂粟科

◎ 学名：*Meconopsis integrifolia*　　◎ 属：绿绒蒿属

一年生至多年生草本，全体被锈色和金黄色平展或反曲、具多短分枝的长柔毛；叶片倒披针形、倒卵形或近匙形；花通常 4 ~ 5 朵，花瓣 6 ~ 8，近圆形至倒卵形，黄色或稀白色，干时具褐色纵条纹；花药卵形至长圆形，橘红色，后为黄色至黑色；蒴果宽椭圆状长圆形至椭圆形，疏或密被金黄色或褐色、平展或紧贴、具多短分枝的长硬毛。花果期 5 ~ 11 月。

产于我国甘肃西南部、青海东部至南部、四川西部和西北部、云南西北部和东北部、西藏东部，生于海拔 2700 ~ 5100 米的草坡或林下。全草清热止咳，叶入药可治胃中反酸；花可退热催吐、消炎。

【龙胆】

◎ 中文名：龙胆　　◎ 科：龙胆科

◎ 学名：*Gentiana scabra*　　◎ 属：龙胆属

多年生草本植物；花枝单生，枝下部叶淡紫红色，鳞形；花冠蓝紫色，筒状钟形；蒴果内藏，宽长圆形，种子具粗网纹，两端具翅。花果期 5 ~ 11 月。龙胆花色鲜艳，秋季开花，有较高的观赏价值，因其叶如龙葵，味苦如胆，故名“龙胆”。

龙胆喜光、耐寒、耐半阴，长于富含腐殖质的壤土或沙质壤土中；生于向阳山坡疏林下及旱地。龙胆味苦，性寒，具有清热燥湿、泻肝胆火的功效。

【铜钱叶白珠】

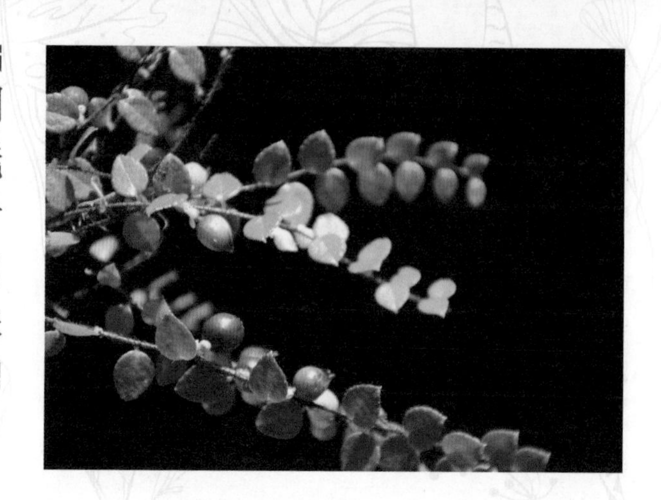

◎ 中文名：铜钱叶白珠　　◎ 科：杜鹃花科

◎ 学名：*Gaultheria nummularioides*　　◎ 属：白珠属

常绿匍匐灌木，高 30 ~ 40 厘米；茎细长如铁丝状，多分枝，有棕黄色糙伏毛；叶宽卵形或近圆形，革质，边缘有小齿形的水囊体，每齿顶端生一棕色长刚毛，老时脱落，表面无毛，叶脉凹入，背面灰绿色，具瘤足状棕色刚毛，老时部分脱落；花单生于叶腋，下垂，花冠卵状坛形，粉红色至近白色，长约 5 毫米；浆果状果球形，直径约 4 毫米，稀达 6 毫米，蓝紫色，肉质，无毛；种子小，多数。花期 7 ~ 9 月，果期 10 ~ 11 月。

产于我国四川西部、云南西北部、西藏东南部，生于海拔 1700 ~ 3000 米的山坡岩石上或杂木林中，常成垫状。

【问客杜鹃】

◎ 中文名：问客杜鹃　　◎ 科：杜鹃花科

◎ 学名：*Rhododendron ambiguum*　　◎ 属：杜鹃花属

灌木，高1～3米，幼枝细长，密被腺体状鳞片；叶革质，椭圆形，卵状披针形或长圆形，顶端渐尖、锐尖或钝，有短尖头；花序顶生，稀同时腋生枝顶，伞形着生或短总状；花冠黄色、淡黄色或淡绿黄色，内面有黄绿色斑点和微柔毛，宽漏斗状，略两侧对称，外面被鳞片；花丝下部密被短柔毛，花柱细长，伸出花冠外，洁净；蒴果长圆形，长0.6～1.5厘米。花期5～6月，果期9～10月。

产于我国四川中部及西部，生于海拔2300～4500米的灌丛或林地。

【亮叶杜鹃】

◎ 中文名：亮叶杜鹃　　◎ 科：杜鹃花科

◎ 学名：*Rhododendron vernicosum*　　◎ 属：杜鹃花属

常绿灌木或小乔木，高 1～5 米，稀达 8 米；树皮灰色至灰褐色；叶革质，长圆状卵形至长圆状椭圆形，上面深绿色，微被蜡质，无毛，下面灰绿色；顶生总状伞形花序，有花 6～10 朵；花梗紫红色，长 2～3 厘米，被红色短柄腺体；花冠宽漏斗状钟形，淡红色至白色，无毛，内面有或无深红色小斑点；子房圆锥形，6～7 室，绿色，长 5 毫米，密被红色腺体；蒴果长圆柱形，斜生果梗上，微弯曲，长 3～3.8 厘米，绿色至浅褐色。花期 4～6 月，果期 8～10 月。

产于我国四川西部至西南部、云南西部和西藏东南部，生于海拔 2650～4300 米的森林中。

【隐蕊杜鹃】

◎ 中文名：隐蕊杜鹃　　◎ 科：杜鹃花科

◎ 学名：*Rhododendron intricatum*　　◎ 属：杜鹃花属

常绿灌木，高 0.15～1.5 米，分枝密集而缠结，密被黄褐色鳞片；叶簇生于分枝的顶端，小型、革质，叶片长圆状椭圆形至卵形，上面灰绿色，无光泽，下面浅黄褐色；顶生花序伞形总状，有花 2～10 朵；花冠小，管状漏斗形，长 8～12 毫米，蓝色至淡紫色，罕黄色，外面无鳞片，无毛，内面喉部被短柔毛；蒴果卵圆形，长约 5 毫米，被鳞片。花期 5～6 月，果期 7～8 月。

产于我国四川西部、西南部及中部和云南西北部，生于潮湿沟谷、冷杉林下、杜鹃灌丛及高山草甸中，海拔 2800～5000 米。

【锈红杜鹃】

◎ 中文名：锈红杜鹃　◎ 科：杜鹃花科
◎ 学名：*Rhododendron bureavii*　◎ 属：杜鹃花属

常绿灌木，高 1 ~ 4 米；幼枝密被锈红色至黄棕色厚绵毛，混生红色腺体；叶厚革质，椭圆形至倒卵状长圆形，先端急尖或渐尖，具细小尖头，基部钝或近于圆形；顶生短总状伞形花序．有花 10 ~ 20 朵，密被锈红色绵毛状分枝毛，花冠管状钟形或钟形，白色带粉色至粉红色，内面基部具深红色斑和微柔毛，向上具紫色斑点；蒴果长圆柱形。花期 5 ~ 6 月，果期 8 ~ 10 月。

产于我国四川西南部和西北部、云南西北部和东北部，生于海拔 2800 ~ 4500 米的高山针叶林下或杜鹃灌丛中。

【宝兴百合】

◎ 中文名：宝兴百合　　◎ 科：百合科

◎ 学名：*Lilium duchartrei*　　◎ 属：百合属

茎高 50 ~ 85 厘米，有淡紫色条纹；叶散生，披针形至矩圆状披针形，长 4.5 ~ 5 厘米，宽约 1 厘米，两面无毛；花单生或数朵排成总状花序或近伞房花序、伞形总状花序，花下垂，有香味，白色或粉红色，有紫色斑点；花被片反卷，长 4.5 ~ 6 厘米，宽 1.2 ~ 1.4 厘米，蜜腺两边有乳头状突起；蒴果椭圆形，长 2.5 ~ 3 厘米，宽约 2.2 厘米；种子扁平，具 1 ~ 2 毫米宽的翅。花期 7 月，果期 9 月。

产于我国四川、云南、西藏和甘肃，生于高山草地、林缘或灌木丛中，海拔 2300 ~ 3500 米。

【圆叶筋骨草】

◎ 中文名：圆叶筋骨草　　◎ 科：唇形科
◎ 学名：*Ajuga ovalifolia*　　◎ 属：筋骨草属

一年生草本；茎直立，四棱形，被白色长柔毛，无分枝；叶柄具狭翅，绿白色，有时呈紫红色或绿紫色，叶片纸质，长圆状椭圆形至阔卵状椭圆形；穗状聚伞花序顶生，由 3 ~ 4 轮伞花序组成；苞叶大，叶状，卵形或椭圆形，长 1.5 ~ 4.5 厘米，下部呈紫绿色、紫红色至紫蓝色；花萼管状钟形，长 5 ~ 8 毫米；花冠红紫色至蓝色，筒状，微弯，长 2 ~ 2.5 厘米或更长；花盘环状，前面呈指状膨大。花期 6 ~ 8 月，果期 8 月以后。

产于我国四川西部、甘肃西南部，生于草坡或灌丛中，海拔 2800 ~ 3700 米。

【苞叶大黄】

◎ 中文名：苞叶大黄　　◎ 科：蓼科

◎ 学名：*Rheum alexandrae*　　◎ 属：大黄属

中型草本，高 40 ~ 80 厘米，根状茎及根直而粗壮，内部黄褐色；茎单生，不分枝，粗壮挺直，中空，无毛，具细纵棱，常为黄绿色；基生叶 4 ~ 6 片，茎生叶及叶状苞片多数；下部叶卵形倒卵状椭圆形，稀稍大，顶端圆钝；上部叶及叶状苞片较窄小叶片长卵形，一般为浅绿色，干后近膜质；花序分枝腋出，常 2 ~ 3 枝成丛或稍多，直立总状；花小绿色，数朵簇生；子房略呈菱状倒卵形；果实菱状椭圆形，顶端微凹，基部楔形或宽楔形。花期 6 ~ 7 月，果期 9 月。

产于我国西藏东部、四川西部及云南西北部，生于海拔 3000 ~ 4500 米山坡草地，常长在较潮湿处。

【萹蓄】

◎ 中文名：萹蓄　　◎ 科：蓼科
◎ 学名：*Polygonum aviculare*　　◎ 属：萹蓄属

一年生草本，茎平卧、上升或直立；叶椭圆形，狭椭圆形或披针形，顶端钝圆或急尖；初夏于节间开淡红色或白色小花，遍布于植株；花梗细，顶部具关节；花被5深裂，花被片椭圆形，绿色，边缘白色或淡红色；瘦果卵形，具3棱，黑褐色，密被由小点组成的细条纹，无光泽。花期5～7月，果期6～8月。

产于全国各地，常生于田边、沟边湿地。全草供药用，有通经利尿、清热解毒等功效。

【狼毒】

◎ 中文名：狼毒　　◎ 科：瑞香科

◎ 学名：*Stellera chamaejasme*　　◎ 属：狼毒属

多年生草本，茎直立，纤细，绿色，有时带紫色；叶散生，披针形或长圆状披针形，稀长圆形；花白色、黄色至带紫色，芳香，多花的头状花序，顶生，圆球形；果实圆锥形，上部或顶部有灰白色柔毛；种皮膜质，淡紫色。花期4～6月，果期7～9月。

产于我国北方各省区及西南地区，生于海拔2600～4200米干燥而向阳的高山草坡、草坪或河滩。狼毒的毒性较大，可以杀虫；根入药，有祛痰、消积、止痛功能，根及茎皮还可造纸。

【多脉报春】

◎ 中文名：多脉报春　　◎ 科：报春花科
◎ 学名：*Primula polyneura*　　◎ 属：报春花属

多年生草本；叶阔三角形或阔卵形以至近圆形；伞形花序，花萼绿色或略带紫色，花冠粉红色或深玫瑰红色，冠筒口周围黄绿色至橙黄色；蒴果长圆体状，约与花萼等长。花期 5 ~ 6 月，果期 7 ~ 8 月。

产于我国云南西北部、四川西部和甘肃东南部，生于林缘和潮湿沟谷边，海拔 2000 ~ 4000 米，分布较广，变异大，特别是被毛程度，从密被茸毛至近于无毛，中间有很多过渡类型。

【过路黄】

◎ 中文名：过路黄　　◎ 科：报春花科

◎ 学名：*Lysimachia christinae*　　◎ 属：珍珠菜属

叶对生，卵圆形、近圆形以至肾圆形，先端锐尖或圆钝以至圆形；花单生，花冠黄色，花药卵圆形，子房卵珠形，花柱长6～8毫米；蒴果球形，直径4～5毫米，无毛，有稀疏黑色腺条。花期5～7月，果期7～10月。

产于我国云南、四川、贵州、广东等地，生于沟边、路旁阴湿处和山坡林下。全草供药用，可清热解毒、利尿排石，还可外用治化脓性炎症、烧烫伤等。

【马桑】

◎ 中文名：马桑　　◎ 科：马桑科
◎ 学名：*Coriaria nepalensis*　　◎ 属：马桑属

灌木；叶对生，纸质至薄革质，椭圆形或阔椭圆形；总状花序生于二年生的枝条上，多花密集，序轴被腺状微柔毛；花瓣极小，卵形，长约0.3毫米，里面龙骨状；花瓣肉质，较小，龙骨状；果球形，果期花瓣肉质增大包于果外，成熟时由红色变紫黑色，种子卵状长圆形。

产于我国云南、贵州、四川、甘肃、西藏等地，生于海拔400～3200米的灌丛中。马桑的果实可制酒精，种子榨油可作油漆和油墨，但全株含马桑碱，有毒。

【延龄草】

◎ 中文名：延龄草　　◎ 科：藜芦科

◎ 学名：*Trillium tschonoskii*　　◎ 属：延龄草属

茎丛生于粗短的根状茎上，叶菱状圆形或菱形，近无柄；外轮花被片卵状披针形，绿色，内轮花被片白色，少有淡紫色，卵状披针形；子房圆锥状卵形，浆果圆球形，黑紫色，有多数种子。花期4～6月，果期7～8月。

产于我国西藏、云南、四川、陕西、甘肃、安徽，生于林下、山谷阴湿处、山坡或路旁岩石下，海拔1600～3200米。

【七叶一枝花】

◎ 中文名：七叶一枝花　　◎ 科：藜芦科

◎ 学名：*Paris polyphylla*　　◎ 属：重楼属

七叶一枝花又名重楼，为多年生草本；叶轮生，通常呈伞状聚生茎顶，全缘，两面绿色；一圈轮生的叶子中冒出一朵花，花形非常稀奇，具有较高的观赏价值，花单生茎顶，花梗紫红色；花药线形，金黄色；菊果近圆形，绿色，成熟黄褐色、开裂；种子卵形，鲜红色。花期夏季，果期秋、冬季。

多生于山地林下或路旁草丛的阴湿处，既怕干旱又怕积水。重楼可入药，有小毒，有清热解毒、消肿止痛、熄风定惊的功效。

【金露梅】

◎ 中文名：金露梅　　◎ 科：蔷薇科

◎ 学名：*Dasiphora fruticosa*　　◎ 属：金露梅属

灌木，多分枝，小枝红褐色；羽状复叶，单花或数朵生于枝顶，花瓣黄色，宽倒卵形，顶端圆钝；瘦果近卵形，褐棕色，长1.5毫米，外被长柔毛。花果期6～9月。

金露梅枝叶茂密，黄花鲜艳，适宜作庭园观赏灌木，嫩叶可代茶叶饮用，花、叶入药，有健脾、化湿、清暑之效，生于山坡草地、砾石坡、灌丛及林缘，海拔1000～4000米。

【多对花楸】

◎ 中文名：多对花楸　　◎ 科：蔷薇科
◎ 学名：*Sorbus multijuga*　　◎ 属：花楸属

灌木或小乔木，高 2.5 ~ 5 米，有时达 7 米；奇数羽状复叶，复伞房花序多数着生在侧生短小枝上，总花梗和花梗上有稀疏柔毛，逐渐脱落近于无毛；花瓣卵形，先端圆钝，白色，内面微具柔毛；果实球形，白色，先端具直立宿存萼片。花期 5 月，果期 9 月。

产于我国四川西部，生于丛林内或岩石山坡，海拔 2300 ~ 3000 米。

【红花五味子】

◎ 中文名：红花五味子　　◎ 科：木兰科
◎ 学名：*Schisandra rubriflora*　　◎ 属：五味子属

落叶木质藤本，全株无毛；小枝紫褐色，后变黑；叶纸质，倒卵形，椭圆状倒卵形或倒披针形，很少为椭圆形或卵形；花红色，雄花大小近相似，椭圆形或倒卵形，雄蕊群椭圆状倒卵圆形或近球形，雌蕊群长圆状椭圆体形，倒卵圆形，具明显鸡冠状凸起；聚合果轴粗壮，小浆果红色，椭圆体形或近球形；种子淡褐色，肾形，厚约 2 毫米；种皮暗褐色，平滑，微波状，不起皱。花期 5 ~ 6 月，果期 7 ~ 10 月。

产于我国甘肃南部、湖北、四川、云南西部及西南部、西藏东南部，生于海拔 1000 ~ 1300 米的河谷、山坡林中。

【厚朴】

◎ 中文名：厚朴　　◎ 科：木兰科
◎ 学名：*Houpoea officinalis*　　◎ 属：木兰属

落叶乔木，高达 20 米；树皮厚，褐色，不开裂；小枝粗壮，淡黄色或灰黄色；叶大，近革质，长圆状倒卵形；花白色，径 10 ~ 15 厘米，芳香，花被片厚肉质，外轮 3 片淡绿色，长圆状倒卵形，盛开时常向外反卷；聚合果长圆状卵圆形，长 9 ~ 15 厘米；种子三角状倒卵形，长约 1 厘米。花期 5 ~ 6 月，果期 8 ~ 10 月。

产于我国甘肃东南部、河南东南部、湖北西部、湖南西南部、四川、贵州东北部，生于海拔 300 ~ 1500 米的山地林间。树皮、根皮、花、种子及芽皆可入药，以树皮为主，为著名中药，有化湿导滞、行气平喘、化食消痰之效。

【西康天女花】

◎ 中文名：西康天女花　　◎ 科：木兰科

◎ 学名：*Oyama wilsonii*　　◎ 属：天女花属

落叶灌木或小乔木，树皮灰褐色；叶纸质，椭圆状卵形，或长圆状卵形；花与叶同时开放，白色，芳香，初为杯状，盛开为碟状；聚合果下垂，圆柱形，熟时红色，后转紫褐色，蓇葖具喙；种子倒卵圆形。花期5～6月，果期9～10月。

西康天女花花色美丽，可供庭园观赏，产于我国四川中部和西部、云南北部，生于海拔1900～3300米的山林间。树皮可药用，称为“川姜朴”，为厚朴代用品。

【川赤芍】

◎ 中文名：川赤芍　　◎ 科：芍药科

◎ 学名：*Paeonia veitchii*　　◎ 属：芍药属

多年生草本，根圆柱形；叶为二回三出复叶，叶片轮廓宽卵形；花生于茎顶端及叶腋，有时仅顶端一朵开放，花瓣倒卵形，紫红色或粉红色；蓇葖果长1～2厘米，密生黄色茸毛。花期5～6月，果期7月。

分布于我国西藏东部、四川西部、青海东部、甘肃及陕西南部。根可供药用，称“赤芍”，能活血通经、凉血散瘀、清热解毒。

【葛】

◎ 中文名：葛　　◎ 科：豆科

◎ 学名：*Pueraria montana* var. *lobata*　　◎ 属：葛属

粗壮藤本，全体被黄色长硬毛；羽状复叶，总状花序中部以上有颇密集的花，花冠紫色；荚果长椭圆形，扁平，被褐色长硬毛。花期 9 ~ 10 月，果期 11 ~ 12 月。

葛根供药用，有解表退热、生津止渴、止泻的功能。葛在古代应用甚广，葛衣、葛巾均为平民服饰，葛纸、葛绳应用亦久，葛粉可用于解酒。葛是一种良好的水土保持植物，分布几遍全国，生于山地疏或密林中。

【白花羊蹄甲】

◎ 中文名：白花羊蹄甲　　◎ 科：豆科
◎ 学名：*Bauhinia acuminata*　　◎ 属：羊蹄甲属

小乔木或灌木；叶近革质，卵圆形，有时近圆形；总状花序腋生，呈伞房花序式，密集，少花，花瓣白色，倒卵状长圆形；荚果线状倒披针形，扁平，果瓣革质，无毛；种子5～12颗，直径8～10毫米，扁平。花期4～6月或全年，果期6～8月。

白花羊蹄甲树形优美，花色洁白，根可驱虫、止血、健胃，树皮可健胃燥湿、消炎解毒，花有消炎解毒等功效。

【油麻藤】

◎ 中文名：油麻藤　　◎ 科：豆科

◎ 学名：*Mucuna sempervirens*　　◎ 属：油麻藤属

油麻藤又叫常春油麻藤，常绿木质藤本，羽状复叶；总状花序生于老茎上，每节上有3花，无香气或有臭味；花冠深紫色，干后黑色；果木质，带形；种子4～12颗，带红色、褐色或黑色，扁长圆形。花期4～5月，果期8～10月。

产于我国四川、贵州、云南等地，生于海拔300～3000米的亚热带森林、灌木丛、溪谷、河边。油麻藤茎藤可药用，有活血化瘀、舒筋活络之效。

【尼泊尔黄花木】

◎ 中文名：尼泊尔黄花木　　◎ 科：豆科
◎ 学名：*Piptanthus nepalensis*　　◎ 属：黄花木属

灌木，高1.5～3米；茎圆柱形，具沟棱，被白色绵毛；小叶披针形、长圆状椭圆形或线状卵形，先端渐尖，上面无毛，暗绿色，下面初被黄色丝状毛和白色贴伏柔毛，后渐脱落，呈粉白色；总状花序顶生，具花2～4轮，密被白色绵毛，不脱落；花冠黄色；荚果阔线形，扁平，疏被柔毛；种子4～8粒，肾形，压扁，黄褐色。花期4～6月，果期6～7月。

产于我国西藏、四川等地，生于山坡针叶林缘、草地灌丛或河流旁，海拔3000米左右。

【银合欢】

◎ 中文名：银合欢　　◎ 科：豆科
◎ 学名：*Leucaena leucocephala*　　◎ 属：银合欢属

小乔木，幼枝被短柔毛，老枝无毛；头状花序，花白色，花瓣狭倒披针形，背被疏柔毛；荚果带状，顶端凸尖，基部有柄；种子卵形，褐色，扁平，光亮。花期 4～7 月，果期 8～10 月。

银合欢喜温暖、湿润，稍耐阴，耐旱。银合欢花、果、皮均可入药，有消痛排脓、收敛止血的功效，并兼作饲料、肥料、燃料和木料于一身，被誉为“奇迹树”和“蛋白质仓库”。

【大叶杨】

◎ 中文名：大叶杨　　◎ 科：杨柳科
◎ 学名：*Populus lasiocarpa*　　◎ 属：杨属

乔木，高 20 多米，树冠塔形或圆形；树皮暗灰色，纵裂；枝粗壮而稀疏，黄褐或稀紫褐色；叶卵形，比任何杨叶都大，边缘具反卷的圆腺锯齿，上面光滑亮绿色，近基部密被柔毛，下面淡绿色，具柔毛，沿脉尤为显著；蒴果卵形，密被茸毛，有柄或近无柄，种子棒状，暗褐色。花期 4 ~ 5 月，果期 5 ~ 6 月。

产于我国湖北、四川、陕西、贵州、云南等地，生于海拔 1300 ~ 3500 米的山坡、沿溪林中或灌丛中。木材材质疏松，供家具、板料等用。

【桔梗】

◎ 中文名：桔梗　　◎ 科：桔梗科
◎ 学名：*Platycodon grandiflorus*　　◎ 属：桔梗属

多年生草本植物，根粗壮；植株不分枝，极少数上部分枝；叶片呈卵形、卵状椭圆形至披针形，叶边缘呈细锯齿状；花冠一般为合瓣花，为蓝色或紫色；果实球状或倒卵状。花期 7 ~ 9 月，果期 8 ~ 10 月。

桔梗是一种观赏性花卉，可作花境材料，根可入药或作蔬菜，是一种多用途植物，主要分布于我国东北、华北、华东及华中等地。桔梗入药有宣肺、利咽、祛痰等功效，用于治疗咽痛、音哑、咳嗽痰多等症状。

【鸦跖花】

◎ 中文名：鸦跖花　　◎ 科：毛茛科
◎ 学名：*Oxygraphis kamchatica*　　◎ 属：鸦跖花属

植株高 2 ~ 9 厘米，叶卵形、倒卵形至椭圆状长圆形；花单生，萼片宽倒卵形，花瓣橙黄色或表面白色，披针形或长圆形，花托较宽扁；聚合果近球形，直径约 1 厘米；瘦果楔状菱形，背肋明显，喙顶生，短而硬，基部两侧有翼。花果期 6 ~ 8 月。

分布于我国西藏、云南西北部、四川西部、陕西南部、甘肃、青海和新疆等地，生于海拔 3600 ~ 5100 米的高山草甸或高山灌丛中。

【偏翅唐松草】

◎ 中文名：偏翅唐松草　　◎ 科：毛茛科

◎ 学名：*Thalictrum delavayi*　　◎ 属：唐松草属

植株全部无毛，茎下部和中部叶为三至四回羽状复叶，叶片长达 40 厘米；圆锥花序，萼片淡紫色，卵形或狭卵形，顶端急尖或微钝，花柱短，柱头生花柱腹面；瘦果扁，斜倒卵形，有时稍镰刀形弯曲，沿腹棱和背棱有狭翅。花期 6 ~ 9 月。

偏翅唐松草根可治牙痛、眼痛等症，花美丽，可供观赏。分布于我国云南、西藏东部、四川西部，生于海拔 1900 ~ 3400 米的山地林边、沟边、灌丛或疏林中。

【凤仙花】

◎ 中文名：凤仙花　　◎ 科：凤仙花科
◎ 学名：*Impatiens balsamina*　　◎ 属：凤仙花属

一年生草本，叶片披针形、狭椭圆形或倒披针形，先端尖或渐尖，基部楔形，边缘有锐锯齿；花单生或2～3朵簇生于叶腋，白色、粉红色或紫色，单瓣或重瓣；蒴果宽纺锤形，种子多数，圆球形，黑褐色。花期7～10月。

凤仙花在我国各地庭园广泛栽培，为常见的观赏花卉。民间常用其花及叶染指甲。茎及种子可入药，茎称“凤仙透骨草”，有祛风湿、活血、止痛之效；种子称“急性子”，有软坚、消积之效。

【虎耳草】

◎ 中文名：虎耳草　　◎ 科：虎耳草科

◎ 学名：*Saxifraga stolonifera*　　◎ 属：虎耳草属

多年生草本；枝细长，密被卷曲长腺毛，具鳞片状叶；聚伞花序圆锥状，花瓣白色，中上部具紫红色斑点，基部具黄色斑点。花果期 4 ~ 11 月。

虎耳草全草入药，有小毒，可祛风清热、凉血解毒，产于我国四川、贵州、云南等地，生于海拔 400 ~ 4500 米的林下、灌丛、草甸和阴湿岩隙。

【柽柳】

◎ 中文名：柽柳　　◎ 科：柽柳科
◎ 学名：*Tamarix chinensis*　　◎ 属：柽柳属

乔木或灌木；叶鲜绿色，长圆状披针形或长卵形；每年开花两三次，春季开花，总状花序侧生在去年生木质化的小枝上，花大而少，较稀疏而纤弱，花瓣 5，粉红色，通常卵状椭圆形或椭圆状倒卵形。花期 4～9 月。

柽柳枝叶纤细悬垂，婀娜可爱，一年开花三次，鲜绿粉红相映成趣，多栽于庭院、公园等处作观赏用。枝叶可药用，为解表发汗药，有祛除麻疹之效。

【龙葵】

◎ 中文名：龙葵　　◎ 科：茄科

◎ 学名：*Solanum nigrum*　　◎ 属：茄属

一年生直立草本，茎无棱或棱不明显，绿色或紫色，近无毛或被微柔毛；叶卵形，先端短尖，光滑或两面均被稀疏短柔毛；蝎尾状花序腋外生，花冠白色，筒部隐于萼内；萼小，浅杯状，齿卵圆形，先端圆；浆果球形，直径约 8 毫米，熟时黑色；种子多数，近卵形，两侧压扁。

全国几乎均有分布，喜生于田边、荒地及村庄附近。全株入药，可散瘀消肿、清热解毒。

【二月蓝】

◎ 中文名：二月蓝　　◎ 科：十字花科
◎ 学名：*Orychophragmus violaceus*　　◎ 属：诸葛菜属

二月蓝是诸葛菜的别名，一年或二年生草本，茎单一，直立；花紫色、浅红色或白色，花瓣宽倒卵形；长角果线形，具 4 棱；种子卵形至长圆形，稍扁平，黑棕色，有纵条纹。花期 4 ~ 5 月，果期 5 ~ 6 月。

二月蓝嫩茎叶可食用，种子可榨油。因农历二月前后开花，故称二月蓝，生长于平原、山地、路旁、地边。

【麦冬】

◎ 中文名：麦冬　　◎ 科：天门冬科

◎ 学名：*Ophiopogon japonicus*　　◎ 属：沿阶草属

根较粗，中间或近末端常膨大成椭圆形或纺锤形的小块根；茎很短，叶基生成丛，禾叶状；总状花序具几朵至十几朵花，花单生或成对着生于苞片腋内；苞片披针形，先端渐尖；种子球形。花期5～8月，果期8～9月。

麦冬有生津解渴、润肺止咳之效，栽培很广，历史悠久，还具有很高的绿化价值，有常绿、耐阴、耐寒、耐旱、抗病虫害等多种优良性状。

【酢浆草】

◎ 中文名：酢浆草　　◎ 科：酢浆草科

◎ 学名：*Oxalis corniculata*　　◎ 属：酢浆草属

草本，全株被柔毛；茎细弱，多分枝，直立或匍匐，匍匐茎节上生根；叶基生或茎上互生；花单生或数朵集为伞形花序状，腋生，总花梗淡红色，与叶近等长；花瓣黄色，长圆状倒卵形；蒴果长圆柱形，5棱；种子长卵形，褐色或红棕色。花、果期2~9月。

酢浆草广泛分布，主要生于山坡草池、河谷沿岸、路边、田边、荒地或林下阴湿处等。全草可入药，能解热利尿、消肿散瘀。

【车前】

◎ 中文名：车前　　◎ 科：车前科

◎ 学名：*Plantago asiatica*　　◎ 属：车前属

二年生或多年生草本；根茎短，稍粗；叶基生呈莲座状，平卧、斜展或直立；叶片薄纸质或纸质，宽卵形至宽椭圆形；花序直立或弓曲上升；花冠白色，无毛；蒴果纺锤状卵形、卵球形或圆锥状卵形；种子卵状椭圆形或椭圆形，具角，黑褐色至黑色，背腹面微隆起。花期4～8月，果期6～9月。

车前多生于草地、沟边、河岸湿地、田边、路旁或村边空旷处。全草可药用，具有利尿、清热、明目、祛痰等功效。

后记

我们以图文结合的形式，展示了大自然的另一面。除却深邃而诱人的科学问题，除却逻辑严谨的科学论文，我们希望通过人文视角展现出大自然的勃勃生机，也展现出山地地区的生物多样性之美。2020 年，我在完成关于贡嘎山的博士论文时，全球新冠病毒开始肆虐，人与自然的关系、如何欣赏自然的美，以及如何感受自然、发现自然规律成为大家共同关注的问题。

当今社会，气候变化、粮食安全及环境危机时刻威胁着人类社会，也威胁着自然界。动植物不仅会受到气候变化的影响，也深受我们人类活动的影响。从疫情开始到现在已经三年了，我们终究没有找到这个问题的根本原因，虽然人类或多或少地意识到了问题的严重性，但是在对自然资源进行掠夺时，又似乎永远是贪婪的。

目前，我们与大自然的关系已经发生了很大的变化，但这些变化并不都是朝着坏的方向发展。我们的生活与土地、海洋、动植物息息相关，构成了一个巨大的生命网络共同体，各行各业，包括医学、制造业等取得的巨大进步，也都以某种方式对人类的健康产生了影响。我们可以从大自然中获取智慧，比如仿生学、器官移植等，这些都对人类的健康起到了积极的作用。这些不仅打开了我们的眼界，更打开了大自然的神秘之门。但是，我们并不能因此而骄傲和自豪，认为人类可以完全战胜自然和征服自然。相反，我们必须学会与大自然融合，与大自然和谐共处。

从时间角度来看，我们与大自然的关系是不断发生变化的，这种变化之迅速有时候让人难以置信。这种变化又是那么微妙，甚至让我们感受不到。我记得在 2019 年的某一个冬天，北方很是寒冷，我曾跟随一些佛教徒去参加放生仪式，目的就是为了暗自调查人类活动对动物的影响。佛教徒们购买了很多种鱼和贝类动物，然后把它们放进一个淡水湖中。在他们做这件事情的时候，是否意识到这些物种会对淡水湖的生态环境带来一定的影响呢？这些外来的生物又是否会对本地物种的生存构成影响呢？如果从生物学角度思考，他们的行为或多或少打破了生态系统的平衡，但他们似乎并没有意识到这一点。如果没有人与环境这一整体的观念，我们对一些物种的仁慈，有可能会威胁到更多物种的安全，进而对大自然这个复杂而美丽的生态环境带来不那么友好的影响。

病毒肆虐的那几年，想必我们大多数人都会对周围的世界，包括自己内心的世界进行重新思考和定义。我们的许多观念也会发生变化，我们会追问，这个世界对个人来讲究竟意味着什么，我们如何与这个世界更好地相处。从人类的生物学属性来讲，我们餐桌上的食物、一些野生动植物到我们体内的微生物，它们与我们也构成了一个复杂的生物系统。这个复杂的生物系统是和谐共处的。同理，我们人类与大自然中的一草一木、一虫一兽也是紧密关联的，一个微小的生物入侵，就可能会对人类产生非常大的危害。

最后，感谢我的博士导师朱相云研究员和王志恒教授，是他们引领我走向了追求真理的道路，潜移默化中教会了我许多做学问的道理，是他们让我与贡嘎山结缘，从此迈进了迷人的大自然，一发不可收拾。感谢傅德志研究员，傅老师总是那么热心地帮助他人。是他在鉴定标本时给予我鼓励、支持和帮助，给我讲授植物形态特征的起源和演化，一份份标本使我对植物分类学产生了浓厚的兴趣和热情，在一次次关于植物分类系统、区系地理等问题的讨论中夯实了植物分类学的基础。他“立足中国看世界，站在世界看中国”的观点无异于醍醐灌顶，让我从贡嘎山里跳了出来，广泛阅读，不断探寻新的思路和方法。最后，特别感谢贡嘎山自然保护区的所有工作人员，他们勤勤恳恳工作、风雪无阻守护山林的精神深深感动了我们所有人。